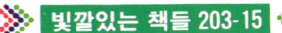

거실 꾸미기

글, 사진/뿌리깊은나무

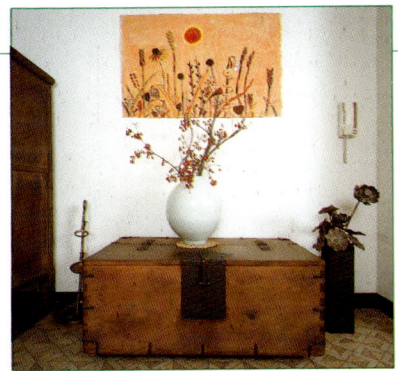

대원사

글/김인선(샘이깊은물 전 기자)
　　김미영(자유기고인)
사진/강운구(샘이깊은물 사진 편집위원)

거실 꾸미기

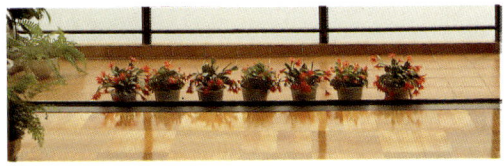

거실 꾸미기

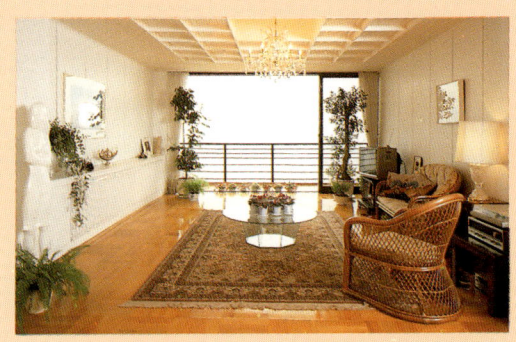

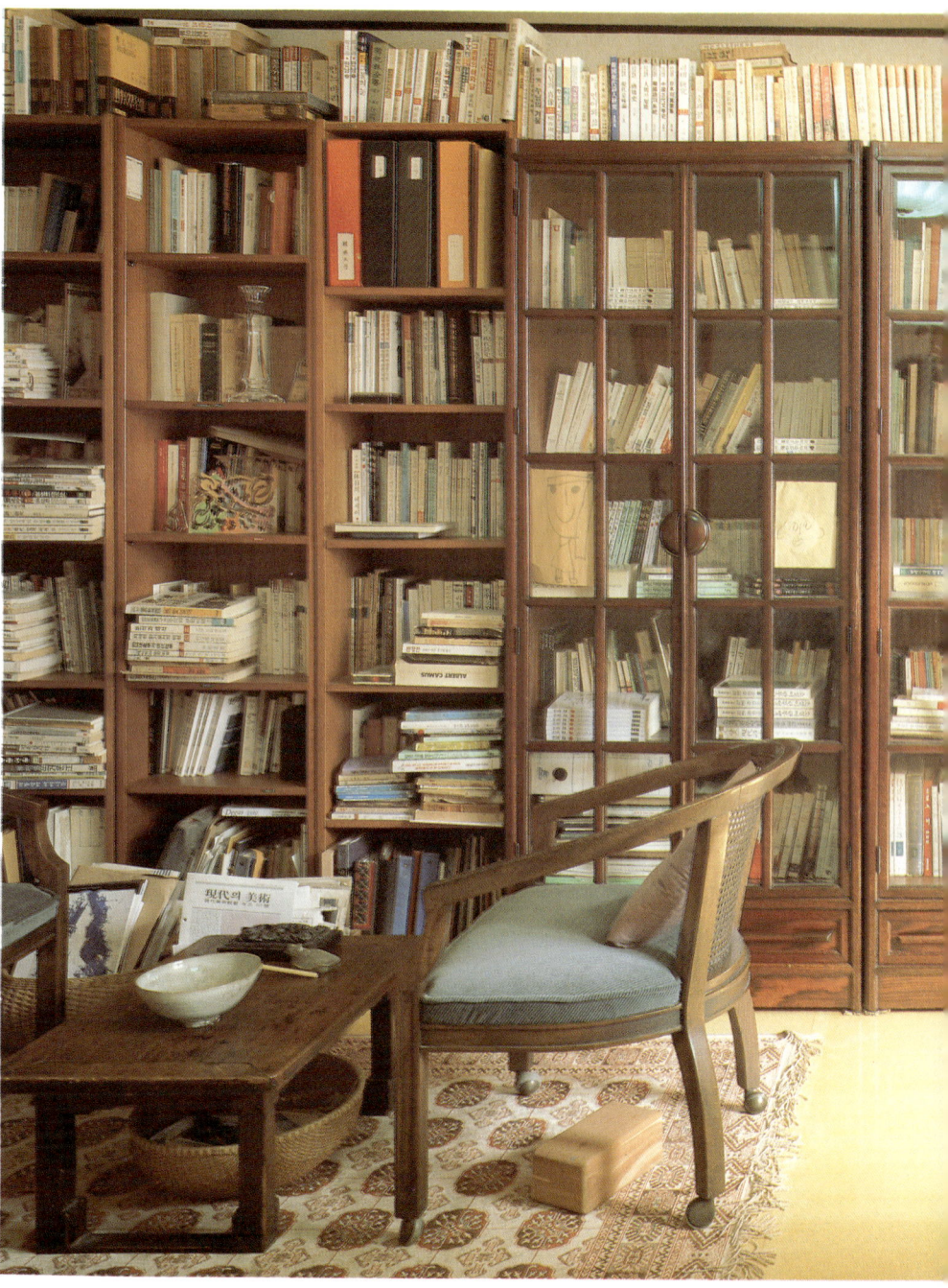

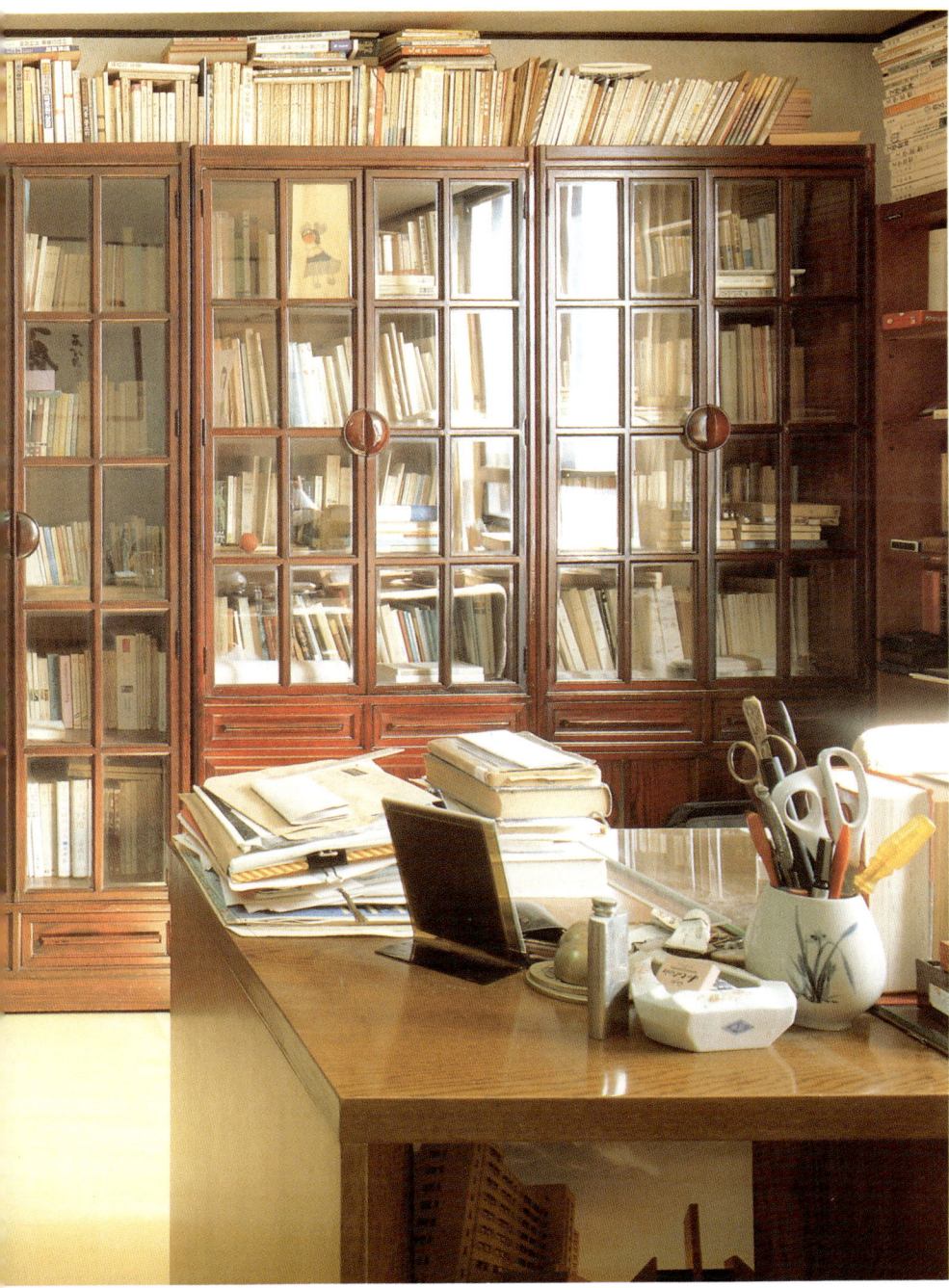

화가 김종학 씨 집의 거실

이 거실은 예스런 분위기가 가득하다. 서양화가 김종학 씨는 스물 몇해 전부터 틈틈이 모아 온 조선 목기와 토기와 자기 같은 옛 물건들로만 거실을 꾸몄다. 그래서 사진으로만 봐서는 이 거실이 철근 콘크리트로 지은 십삼층 고층 아파트의 한 도막임을 얼른 눈치채기 어렵다.

창문 쪽에 을씨년스런 바깥 풍경을 막으면서 병풍처럼 서 있는 것은 옛 한옥에서 떼어낸 방문이다. 들쭉날쭉하게 쏟아져 들어온 햇빛을 하얀 닥지가 차분하게 골라서 거실 구석까지 골고루 배급해 준다. 그 앞에 날씬한 문갑이 놓여 있고 무릎 연적과 나무 기러기가 얹혀 있다. 나무 기러기는 기러기처럼 내외 금슬 좋으라고 옛날 혼례청에서 쓰던 물건이다. 문갑 오른쪽에 있는 것이 목침이고 왼쪽에 있는 것은 나무 거북이 두 마리이니 대문에 달아 빗장을 지르던 물건으로 장수의 기원이 담겨 있는 것이다.

창문 쪽의 푸른 잎이 무성한 식물은 대이다. 서울만 해도 겨울 날씨가 너무 추워 뜰에서 대가 목숨을 버티기 어려우므로 이처럼 실내에 놓고 기르는 이가 많다. 대는 요즈음 아파트에 흔한 테라리

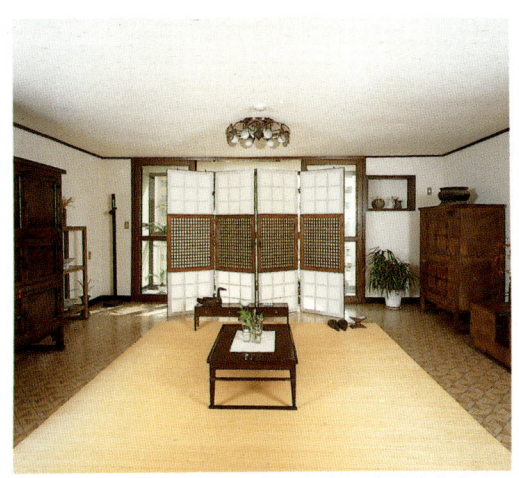
이 거실은 조선 목기와 토기와 자기 같은 옛 세간살이 들로
만 꾸몄다.

움이나 열대 식물은 감히 넘보지 못하는 품위를 지닌 식물이다.

동쪽 벽은 삼층 찬장, 돈궤—크기를 보니 본디 임자가 꽤 부자였
나 보다.—, 절에서 쓰던 구리로 만든 연꽃, 대추나무로 만든 다듬이
로 꾸며져 있다. 벽에는 유화와 수채화를 섞어 그린 쓸쓸한 가을
풍경 그림이 붙어 있다. 맞은편 서쪽 벽은 돌에 금을 입힌 보살상과
찬장, 촛대, 차탁자와 토기 들로 꾸며져 있다. 바닥에는 아무 무늬도
없는 돗자리가 깔려 있고 그 위에 상이 놓여 있으며 상에는 모시가
깔려 있고 유리 "작품"이 놓여 있다. 장식이 없이 투박한 나무의
결이 살아난 엷은 고동색 목기들과 토기의 엷은 갈색과 그윽한 흰
빛깔의 자기들과의 어울림은 언제 보아도 가슴을 치는 데가 있다.

유리문 쪽의 벽에 네모지게 움푹 들어간 부분은 본디 에어컨을
달 자리로 마련된 것이었으나 에어컨을 빼고 작은 화분 넷을 놓아
벽에 표정을 더한 것이 인상적이다. 맨 왼쪽에 있는 것이 대이고
옆의 둘은 제주도에 갔다가 따 온 "그냥 들풀"이다.

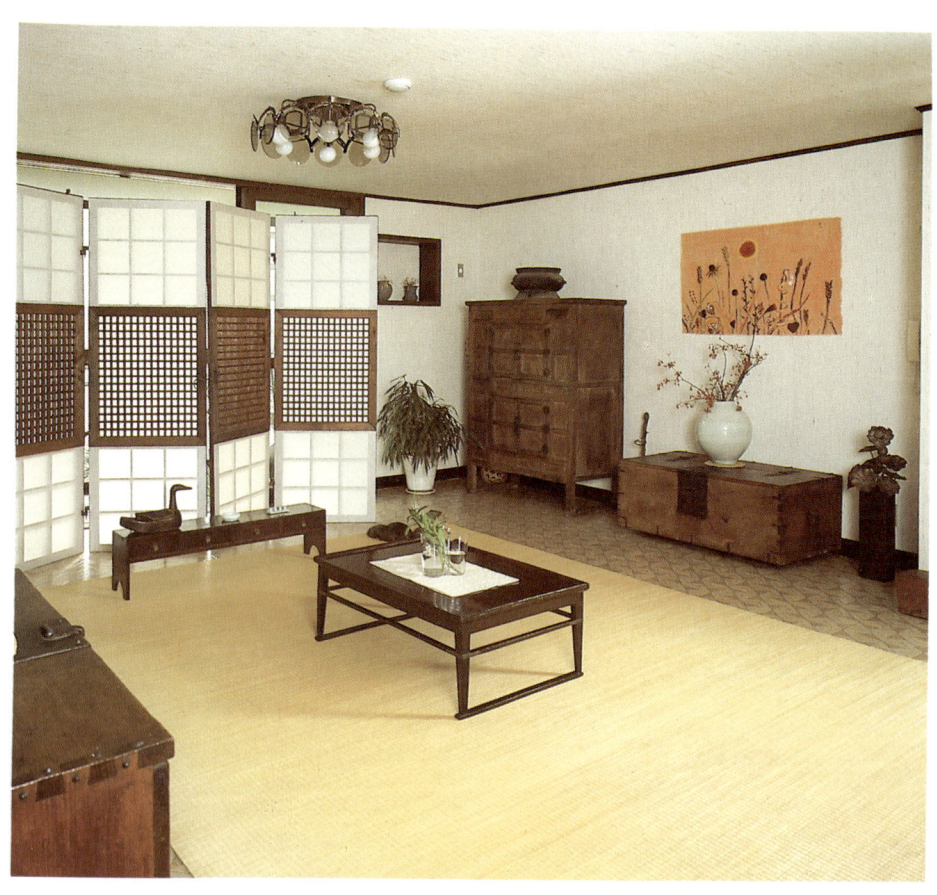

한옥에서 떼어낸 방문의 하얀 닥지가 들쭉날쭉하게 쏟아져 들어온 햇빛을 차분하게 골라서 거실 구석까지 골고루 배급해 준다. 그 앞에 날씬한 문갑이 놓여 있고 무릎 연적과 나무 기러기가 얹혀 있다. 바닥에는 아무런 무늬도 없는 돗자리가 깔려 있다. 장식적인 것을 싫어하고 간결한 것을 좋아하는 이 집 주인의 성품이 잘 드러나 있다.

10 화가 김종학 씨 집의 거실

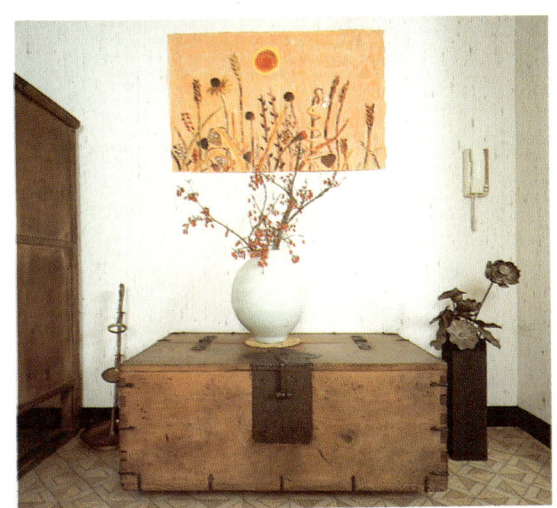

동쪽 벽. 돈궤 위에 열매만 달린 들풀 가지를 꽂은 도자기를 올려 놓았다. 구리로 만든 연꽃과 벽에는 가을 풍경 그림이 붙어 있다.(위)

서쪽 벽. 집안 구석구석이 그러하듯이 이 벽도 붓통에 꽂힌 마른풀과 난초 화분을 빼 놓고는 모두 옛 사람들의 생활 용품으로 꾸며져 있다.(아래)

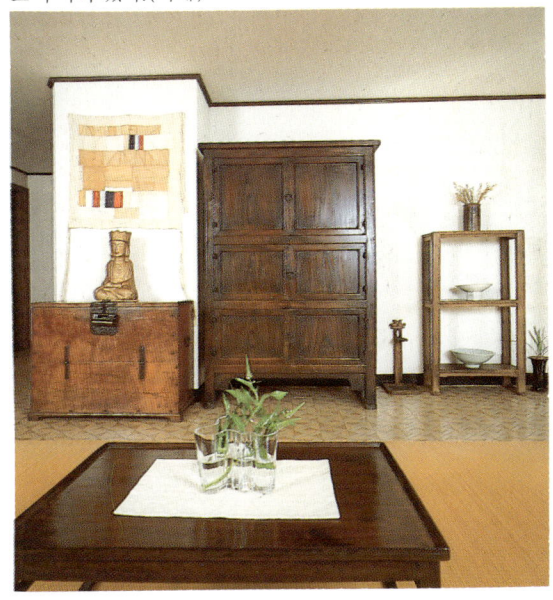

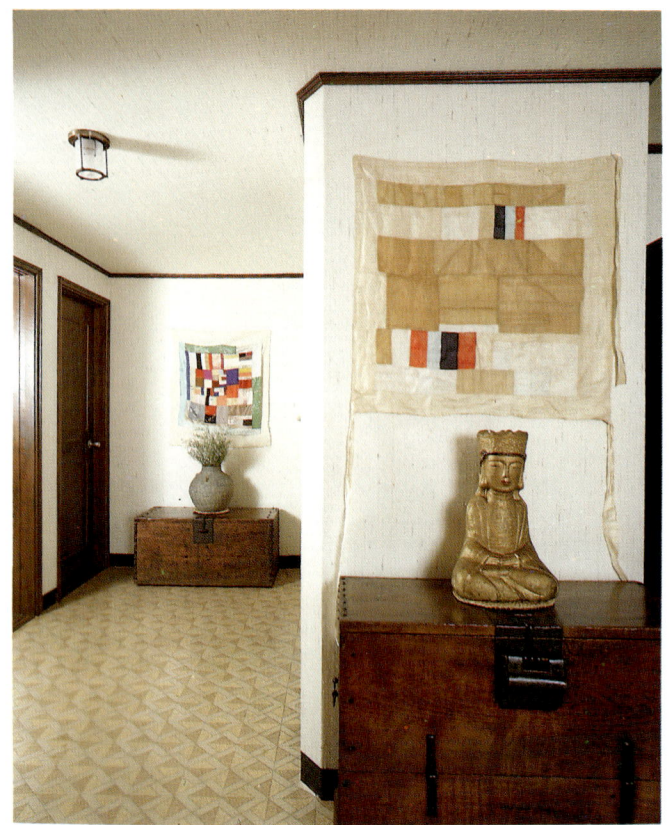

조각보가 눈여겨볼 만하다. 옛 조선 아낙들이 옷가지나 음식을 꾸릴 때에 쓰던 것이다. 바탕감이 모시고 좀 누런 것이 베인데 자연 물감을 들인 무늬의 빛깔이나 전체적인 비례 감각이 이 집 주인의 말에 따르면 "몬드리안을 이미 넘어서고 있다."

이 거실에서 가장 인상적인 것은 서쪽 벽 끝에 달려 있는 끈이 달린 보자기이다. "옛 조선의 아낙들이 쓰던 옷가지나 허섭쓰레기들을 싸거나 들에 일하러 간 사람들의 밥을 꾸릴 때에 쓰던 보자기예요. 저처럼 못 쓰는 헝겊 조각을 이어서 만든 것을 조각보라고 하더군요. 그 비례 감각이나 질감의 선택이나 빛깔의 조화가 탄복할 지경이에요." 김종학 씨가 꽤 흥분해서 보자기 설명을 해 주었다.

빗장을 지르던 거북이나 목침, 다듬이 같은 것에서도 느껴지거니와 그러고 보면 과거의 이 나라에는 저런 아름다움이 자잘한 삶의 구석까지 스스럼없이 널려 있었던 듯하다.

김종학 씨는 일제가 아름다움을 아는 이 나라의 상류층을 제거해 버린 데에 오늘날의 미적 혼란의 이유가 있다고 했다. "아름다움의 주권은 전문가들에게 맡겨야 합니다. 요즈음은 어떠냐 하면, 아무리 애를 쓰고 만들어도 사장이나 관리의 마음에 들지 않으면 소용 없습니다."

일제 시대에 지어진 물건들은 우리를 슬프게 한다. 그것들이 아직까지 싱싱버젓하게 서울의 배꼽에 버티고 서 있어서 슬프다는 것이 아니다. 자유당과 공화당 시절에 지어진 건물들이 얼마나 빨리 수월하게 헐려 버렸는가를 생각하면 그렇다는 것이다. 추한 시대는 추한 집을 짓는다. 집은 그 시대의 마음이니까. 추한 집은 헐리고 만다. 갈포 벽지와 천장의 샹들리에나 바닥의 무늬가 튀는 모노륨 장판은 세간살이들과 너무 어울리지 않는다. 뜯어내거나 새로 도배를 할 수도 없어서 그냥 놓아 두고 있다고 김종학 씨는 말한다. 생각 같아서는 하얀 닥지로 도배를 하면 좋을 터이나 아직은 좀더 기다려야 한다.

화가 한승재 씨 집의 거실

    화가 한승재 씨의 집은 서울 종로구 평창동, 인왕산 서쪽 자락, 경관이 아주 좋은 비탈에 있다. 고루거각들이 숱한 그 동네에서 한승재 씨의 집은 아주 찾기가 수월했다. 모래 블록으로 낮게 두른 담 위로 대추나무 한 그루가 비쭉 솟아오른 풍경을 찾기만 하면 된다. 그런 약도로 집을 찾아가는 것은 참 즐거운 일이다. 길 바깥에서는 담안이 잘 들여다보이지 않는다. 담에 가까이 가서 발뒤꿈치를 들어야 간신히 빛바랜 주홍색 기와 지붕이 보인다. 작약이 한창인 현관 앞 마당을 지나 현관에 들어서니 뜻밖에도 커다란 유리벽이 막아섰는데, 그 유리 위에 굵은 붓으로 친 시원스런 댓잎이 온통 하나 가득했다.

    단층인 이 집은 집 건물 가운데에 뜰을 품고 있는 미음자꼴로 보기 드물게 생긴 집이다. 그 뜰은 가로와 세로가 사 미터인 정사각형이다. 그 중정의 서쪽에 붉은 벽돌로 쌓은 담이 있으며 그 담의 윗부분에 가로 길게 창이 나 있고, 나머지 담들은 죄다 유리벽이어서 마치 온실 같은 분위기가 난다. 북쪽 유리벽에 이 집을 지을 때에 심었다는 시누대의 시원스런 이파리들이 무성한데 현관에 처음으로 들어선 이들이 붓질을 한 것으로 착각할 만큼 흐드러진 자태가 맵시가 있다.(현관에 들어온 사람들이 자꾸 그 유리창에 부딪쳐서 대를 심었다고 주인이 귀띔해 준다.) 그 맞은편에 굵은 소나무가 서 있다. 집을 짓기 전부터 그 자리를 지키고 있었다고 한다. 부추꽃과 고사리류와 들풀을 거느린 그 소나무 옆에 커다란 맷돌이 놓여 있고, 서쪽의 붉은 벽돌의 담 앞에는 석등이 다소곳이 서 있다. 단순함, 담백함과 세련된 절제가 번뜩이는 매우 차분하고 운치있는 마당이다.

그 중정을 중심으로 해서 북쪽에 현관이 있고 서쪽에 방이 나란히 셋, 남쪽에는 응접 세트를 놓은 네평쯤의 "훼밀리 룸"이 딸려 있으며, 동쪽에 거실이 있다. 그 공간들은 제각기 그 가운데 뜰 둘레를 도는 폭 일 미터쯤의 조붓한 복도로써 연결된다. 복도에는 벽마다 그림들이 알맞은 간격으로 걸려 있다. 가운데 뜰이 차분한 운치가 어울려서 천천히 거닐면 화랑에 와 있는 듯한 은은한 느낌을 맛보게 된다.

거실 가운데에 앉아서 서쪽 벽에 난 창문 너머로 바깥을 내다보았다. 인왕산이 보인다.

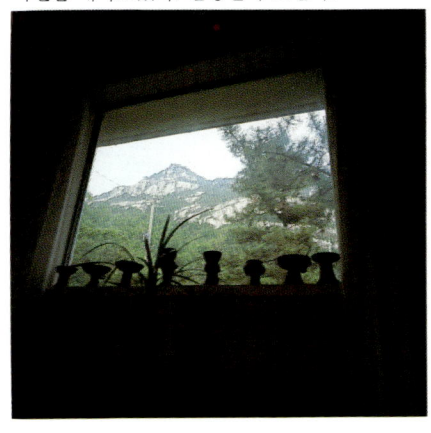

거실 남쪽에서 북쪽 벽을 바라보았다. 벽난로 주위로 짜 넣은 나무틀이 돋보이고 노란 장판을 바른 위에 아무 무늬도 없는 돗자리를 깐 바닥이 옆의 가구들과 어울려 시원하면서 따뜻한 느낌을 준다.

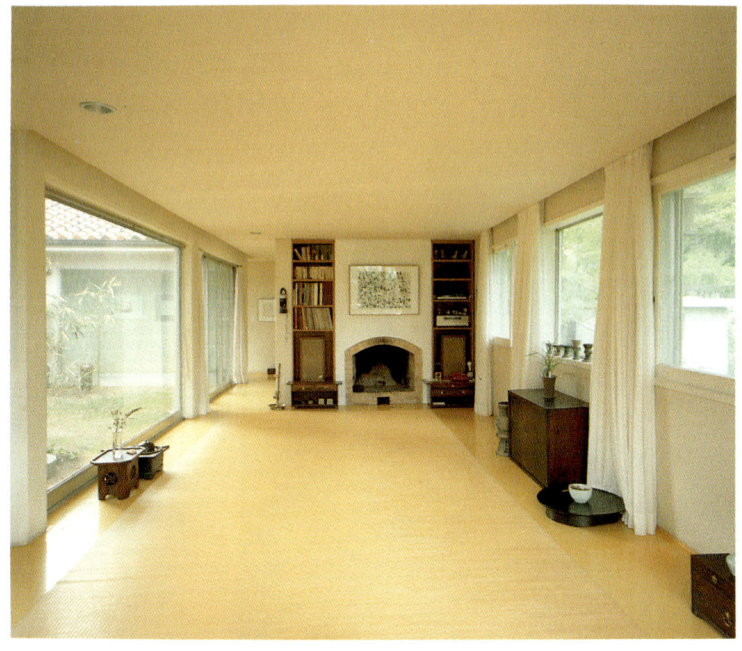

16 화가 한승재 씨 집의 거실

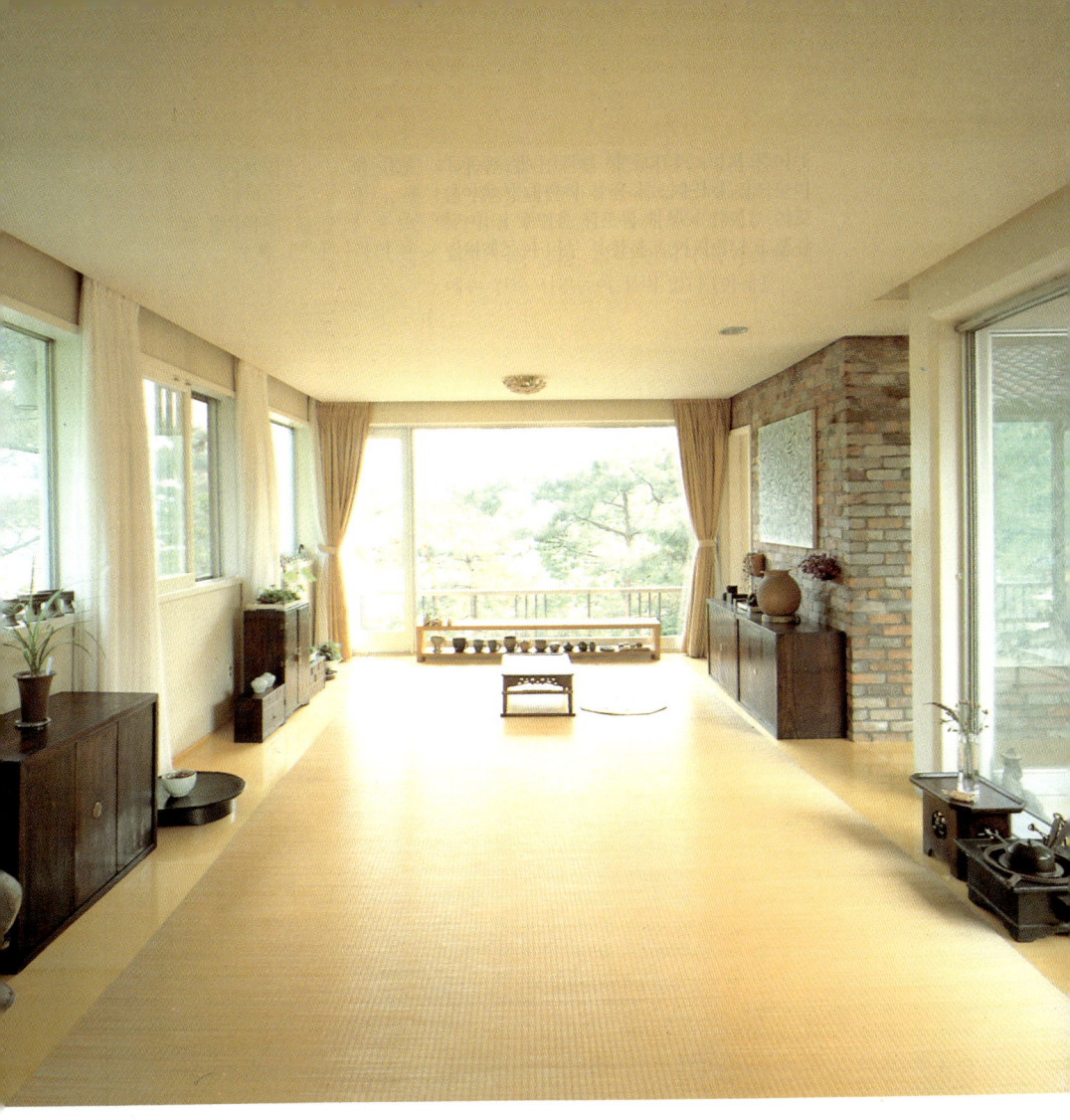

간결하고 시원스런 거실. 북쪽에서 남쪽을 보았다. 밥상 뒤에 삼목으로 짠 서안이
보인다. 그 오른쪽에 서재로 통하는 문이 있고, 왼쪽 유리문을 열면 베란다로 나갈
수 있다. 무늬없는 돗자리와 옛 가구들의 어울림이 그윽하다.

보통 거실은 집의 중심에 자리잡고 있으면서, 집의 다른 공간들로 갈라지는 시발점을 이루거나 흩어졌던 식구들을 한데 모으는 역할을 하기 마련이다. 그러나 이 집의 거실은 여느 집의 이층에 있는 방과 아래층의 거실의 관계 만큼이나 거리상으로나 기능적으로도 독립되어 있다.

이 거실은 직사각형으로 전통 한옥의 대청 마루를 연상시킬 만큼 길게 누워 있다. 거실 서쪽에는 유리벽을 통해서 가운데 뜰 풍경이 커다란 벽화를 이룬다. 그리하여 이 거실에서는 뜰을 가장 아름다운 각도에서 볼 수 있다. 남쪽과 동쪽에는 유리창을 크게 내어 햇살과 더불어 주위의 경관이 맘껏 쏟아져 들어온다. 거실의 북쪽 벽에는 작은 벽난로가 설치되어 있다. 그 위에 커다란 판화가 걸려 있으며 그 좌우에 홈을 파고 낸 나무 층층이 선반이 있다. 거기에 전축과 스피커와 레코드를 담아 놓은 모습이 소박하다.

이 거실이 실제보다도 훨씬 넓게 보이는 것은 사방으로 트인 호방한 경관 때문이기도 하지만, 무엇보다도 그 간결한 차림 때문이다. 이 집을 방문했던 이 가운데에 어떤 이는 거실을 보고 "허허벌판 같다"고 했다는데 그 말이 아주 일리가 없지 않다.

거실 바닥은 나무나 돌 대신에 노란 장판을 발라서 따뜻한 방의 느낌도 난다. 그 위에 아무 무늬도 없는 넓은 강화도에서 짠 돗자리를 깔았다. 여느 집 같으면 그 널찍한 바닥에 응접 세트를 놓아야 직성이 풀리겠지만 이 거실에서는 낡고 허름한 밥상 하나가 덩그머니 복판에 놓여 그 노릇을 다한다. 돗자리 위에 밥상 하나만 놓인 모습이 "충격적"이다.

세간이 무척 간소하다. 거실 남쪽에 삼목으로 짠 길고 네모난 서안이 보인다. 본디 책을 쌓아 놓는 역할을 하는 가구였다. 작고 삐뚤삐뚤한 삼국 시대 토기들이 그 위에 가지런히 늘어서 있다. 서쪽에는 장식이 전연 없는 옛 문갑과 네모꼴의 무쇠 화로가 있다.

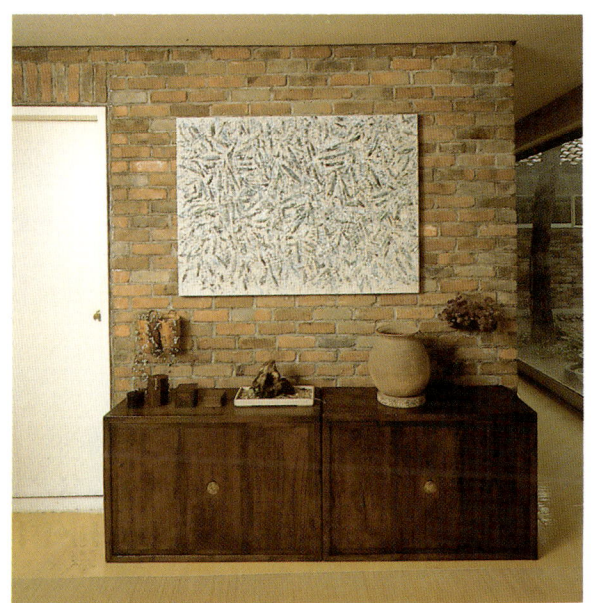

동쪽 벽. 장식이 하나도 없는 문갑 위에 왼쪽서부터 연초함들, 괴석, 토기가 앉아 있다.(위)

북쪽 벽. 벽난로 위에 판화를 걸었다. 양쪽에 나무틀을 짜 넣고는 전축과 레코드를 담았다. 스피커 앞에 경상이 놓여 있다.(아래)

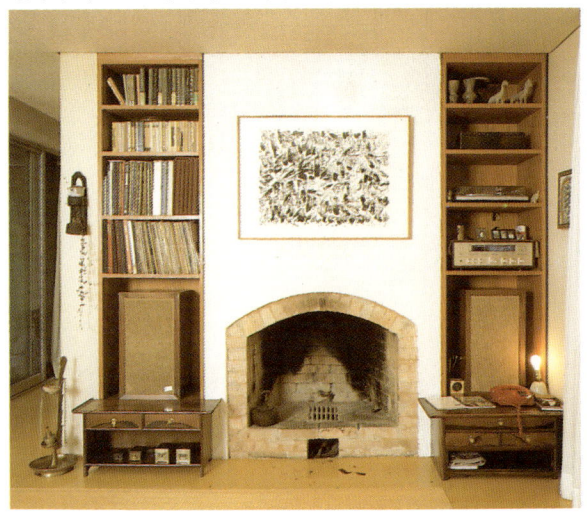

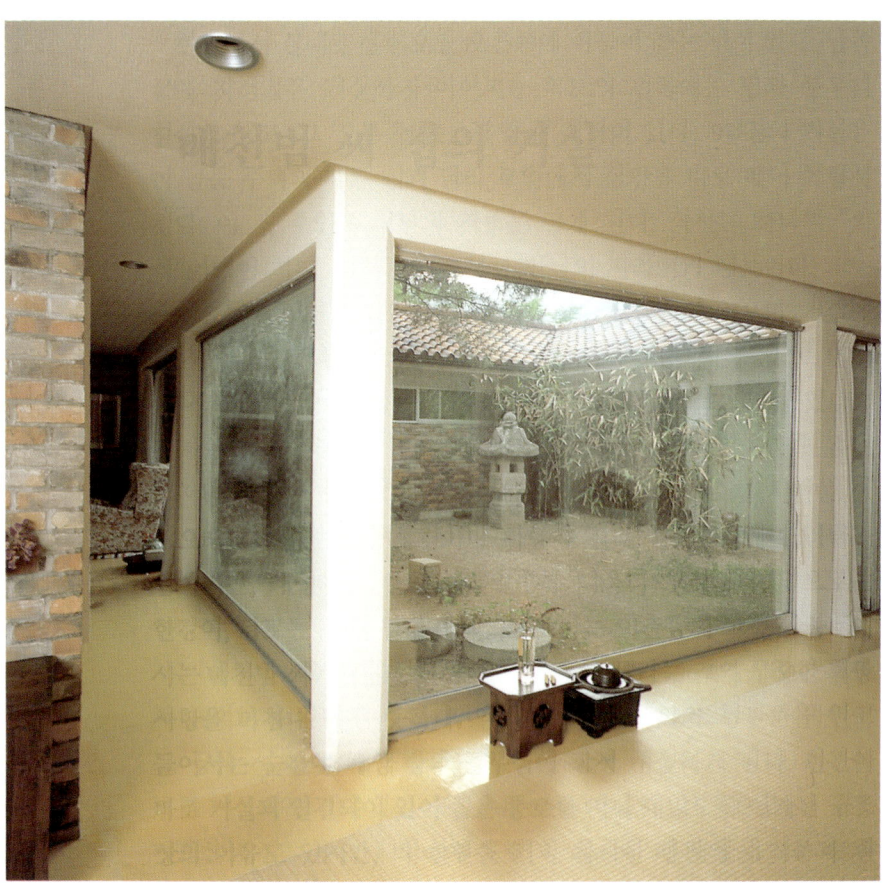

거실에서 집 가운데에 있는 뜰을 바라보았다. 북쪽의 유리벽 가까이에 시누대가 맵시있게 흐드러져 있다. 그 앞에 석등이 보인다. 네모난 돌은 말에 탈 때에 딛는 마대석, 둥근 돌 둘은 맷돌이다. 차분하고 운치있는 마당이다. 유리 앞에 놓인 까만 물건은 화로이다. 왼쪽 복도 끝에 훼밀리 룸의 소파가 보인다.

20 화가 한승재 씨 집의 거실

문갑 위에 난과 작은 괴석이 보인다.(그 난을 선물한 이가 꽃이 필 때면 꼭 방문을 한다.) 문갑 위의 붉은 벽돌로 된 벽에는 대로 짠 조그마한 옛날 숯갈통이 두개 달려서 러브 체인을 늘어뜨리고 있다. 맞은편 동쪽 벽의 세간도 작은 옛 약장과 농 그리고 조그마한 토기가 전부이다. 농 위에 난과, 크기는 돌나물 같고 이끼처럼 돌에 묻어 자라는 부드러운 연두색 돌단풍이 올려져 있다. 특히 창턱을 따라 가지런히 배열해 놓은 갖가지 모양을 한 토기들의 따뜻한 질감과 실루엣이 인상적이다. 그 실루엣, 그 옆의 창턱을 따라 간장 종지만한 화분들이 가느다란 러브 체인을 한가닥씩 벽 아래로 늘어뜨린 맛깔난 모습과 더불어 자칫하면 산만하기 쉬운 거실의 분위기를 말할 수 없이 부드럽고 은은하게 해 준다. 동쪽 벽 천장 모서리에 끈이 둘 달려 있다. 무엇을 매다는 것인 줄 알았더니 "모양을 내 보려고 그냥 해 본 것"이라고 주인은 말한다. 이처럼 하나하나 뜯어보면 구석구석에 세심한 배려가 가득하다. 실은 전체적으로 밝으면서도 침착하게 가라앉은 돗자리의 빛깔과 고가구들의 깊고 질박한 색조가 어울려 깊고 단순하고 그윽하다.

야단스럽게 잔뜩 들여놔야 마음 편해 하는 요즈음 사람들은 이 욕심 없는 거실에서 배울 것이 참 많다. 사실 그 욕심 없이 검약한 꾸밈이야말로 잘 살고 못 사는 이가 가림없이 이 나라 사람들이 예전에 꾸미는 방법이었다.

세련된 안목이라는 것이 생활을 배반하면 그처럼 공허한 것도 없다. 한승재 씨 집은 그 점에서도 꿀리는 데가 없다. 이 거실은 널찍하고 경관이 좋아서 전통 한옥 마루의 느낌마저도 넉넉히 준다. 이 집을 자주 방문하는 어떤 이는 이 거실을 한마디로 "눕기가 좋아!" 하고 평한다고 한다. 또 친구들이 방문해 오면 친한 사이일 경우에는 이야기를 하다가 나중에는 자연스럽게 눕는다고 한다. 그만큼 사람을 편하고 소탈하게 만드는 거실이다.

시인 김영태 씨 집의 거실

시인 김영태 씨가 사는 아파트는 현관에 들어서면 오른쪽에 작은 방과 화장실과 안방이 있고 왼쪽에 작은 방과 다용도실과 부엌이 있다. 그 현관 왼쪽의 방은 쓸모가 없어서 아예 벽을 허물어 버렸다. 거실이 좁다 하여 거실에 붙어 있던 베란다를 없애고 거실의 한 부분으로 편입시켰다. 부엌과 거실은 원래 막힘없는 한 공간이었으되 커다란 옛날 부엌 나무 찬장을 중간에 세워 식당과 거실을 구획시켜 놓았다. 거실의 한쪽 벽은 붙박이장이 붙어 있고 그 맞은편 벽에는 파는 가구의 두껍고 투박함이 싫어 단독 주택에 살 때에 짜서 쓰던 책장을 놓았다. 그 두 벽엔 책들이 가득하다. 그것만 가지고는 모자라 책들이 구석구석에 잔뜩 쌓여 있다. 그리하여 이 집에 들어서면 책속에 묻히는 듯한 기분이 든다. 글 쓰는 이의 집인 만큼 책 많은 거야 신기할 게 없겠지만, 발에 채일 만큼 즐비한 전통 목기들에는 혀를 내두를 지경이다. 식탁과 거실의 의자 들을 제외하고는 거의가 전통 목기이다.

베란다 쪽에 문방구를 넣어 두던 지장과 불두와 불상과 도자기를 올려 놓은 삼층 탁자가 보인다. 그것들과 고리반닫이, 찬장 같은 덩지가 큼직한 것에서부터 서안, 소반 같은 소품들이 여기저기 잔뜩 놓여 있다. 그런 세간들은 단순히 수집용이 아니라 실제로 사용하는 것이다. 그이는 그 목기들의 조형미뿐만이 아니라 튼튼함과 실용성에도 반한 이이다. 이를테면 레코드가 많은 그이는 요즈음에 아무리 좋다는 가구라도 그 레코드를 올려 놓으면 그 무게를 이기지 못해 휘어지나, 사개를 잘 맞추어 짠 전통 목기들은 끄덕도 않고 버틴다면서 거듭 칭찬을 했다. 거실에 놓여 있는 아랫면이 작고 윗면이 커다란—아마 그것을 만들어 썼던 사람들은 쌀도 넣고 허섭쓰레기를 담아 두었을—궤도 그이가 자랑하는 것이다. 아래가 좁아서 여유가 있어 의자를 바투 대고 앉아도 발이 편하니 이런저런 물건을 넣어 둘 수 있을 뿐 아니라 탁자로도 그 기능이 빼어나다고 그이는 얘기한다. 특히 그이의 공간에서 눈에 많이 띄는 것이 등잔이다. 들고 다니는 것, 벽에 걸던 것, 방에 놓아 두었던 것, 부엌 벽에 걸던 것 따위가 이 구석 저 구석에 세워져 있기도 하고, 벽에 걸려 있기도 하다. 지금은 그만두었지만 한때 등잔을 모으느라 애를 썼다.

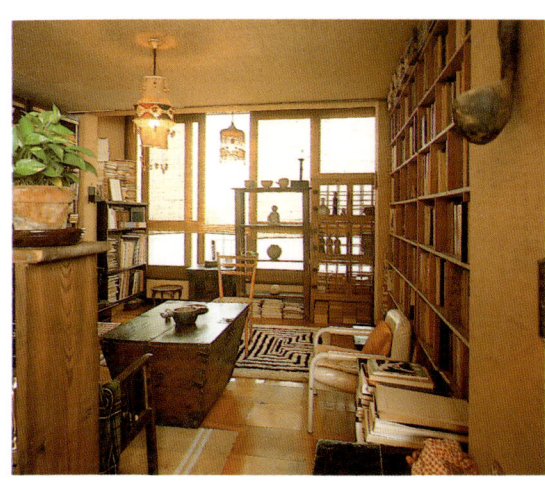

거실의 창문 쪽을 바라보았다. 오후 햇살이 세어 사진에는 좀 덜 표현되고 말았지만 창문에는 아늑하게 발이 드리워져 있다. 오른쪽에 지장과 토기, 불상, 도자기가 올려진 삼층 탁자가 보인다.

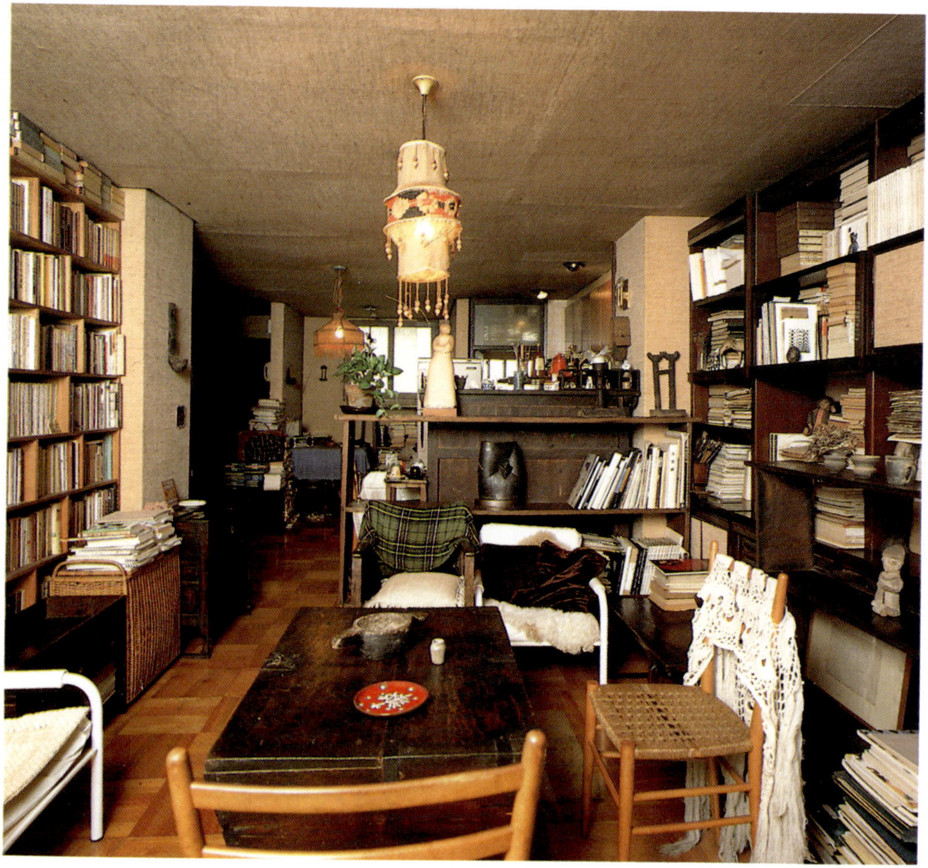

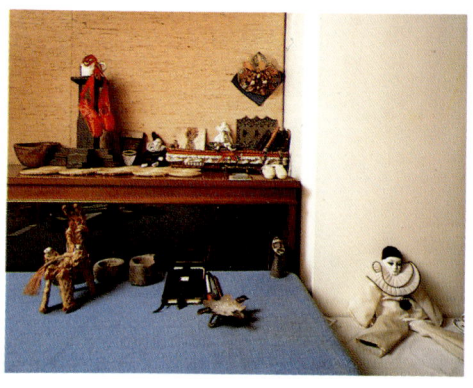

24 시인 김영태 씨 집의 거실

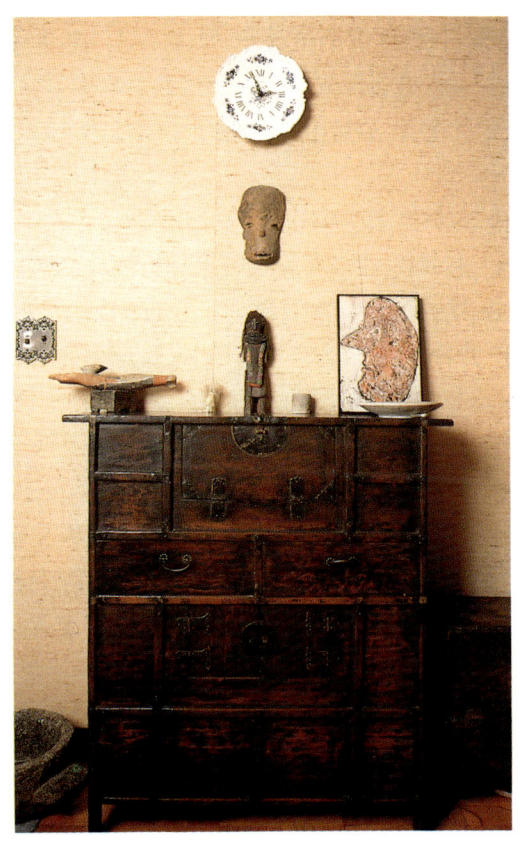

본디 막힘없이 한 공간인 부엌과 거실. 전통 부엌 찬장과 책장으로 구획을 지었다. 거실 한가운데의 탁자로 사용되는 아래가 좁은 전통 궤는 나름의 쓸모를 충분히 다할 뿐 아니라 모양도 빼어나다.(왼쪽 위)

현관 옆의 작은 방을 터놓은 구석. 그는 작고 섬세한 소품들을 오손도손 늘어놓은 "구석의 아름다움"을 좋아한다.(왼쪽 아래)

반닫이 위에 접시, 그림, 인형 같은 소품들을 올려 놓고 그 위에 작은 가면과 접시 모양의 시계를 걸었다.(위)

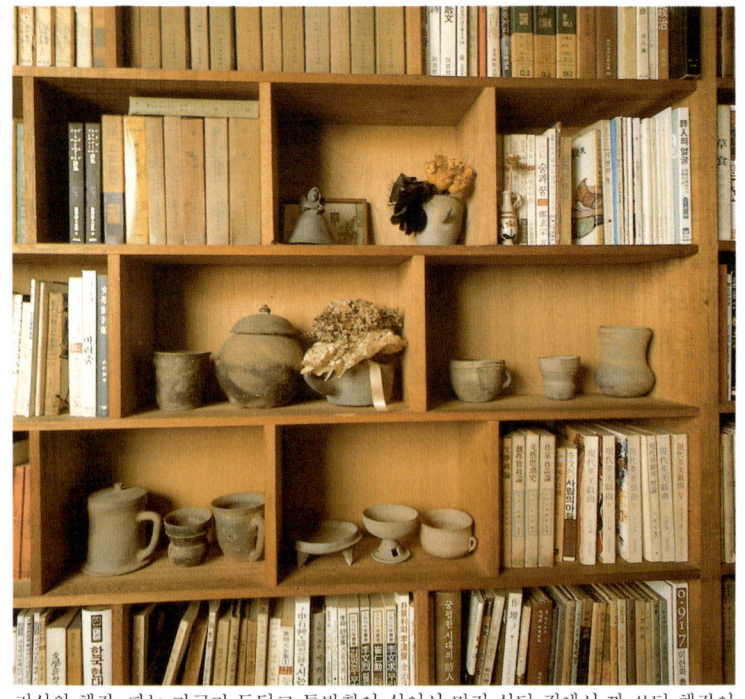

거실의 책장. 파는 가구가 두텁고 투박함이 싫어서 먼저 살던 집에서 짜 쓰던 책장이다. 칸들을 비워 책 대신에 작은 토기들로 꾸민 모양이 돋보인다.

이제 말한 그런 세간들말고 김영태 씨의 아파트 공간에는 낱낱이 열거하기가 어려울 정도로 작은 인형, 도자기, 그릇 같은 물건들이 가득하다. 특히 작은 인형이 지천이다. 인형이 많은 것은 그의 아내가 봉제 인형 디자이너이기 때문이기도 하다. 거기에서 팔할은 피에로 인형이다. 그는 피에로를 각별히 좋아한다. 「인간의 집」이라는 그이의 소묘집에는 이탈리아에서 산 피에로 인형 옆에 마치 그 피에로와 같은 표정으로 탁자에 턱을 얹고 박은 그이의 사진이 실려 있다.

전체로 보아 그이의 집은 혼란하고 복잡해 보인다. 처음으로 방문한 이들의 소감이 흔히 "창고 같다"일 만큼 그렇다. 그런 데에는 그이의 말마따나 자신이 "어질러 놓는 타입"인 탓도 얼마쯤은 있겠지만 물건이 너무 많기 때문에 어쩔 수 없다는 점도 있겠다. 그러나 그런 와중에서도 이 집에서는 그이의 안목을 엿보게 해 주는 아름다운 구석들이 손님들의 눈길을 사로잡는다. 이를테면 목기 위에 목각과 가면과 장 뒤 부페의 그림을 어울리게 배열한 구석이 그렇다. 또 거실의 책장의 책들 사이의 작은 칸들을 내어 토기들을 담아 놓은 모습도 아늑해 보인다. 그는 작고 섬세한 물건들을 오손도손 늘어놓은 "구석의 아름다움"을 좋아한다. 천장에 달린 등도 재미있다. 알전구에 천으로 덮개를 짜서 씌워 놓았는데, 이색적이고 아늑한 분위기를 자아낸다. 그의 부인이 만든 것이라고 한다.

집에 일찍 돌아오는 날이 한달이면 거의 삼사일밖에는 안 된다고 하는 김영태 씨는 격식과 정돈을 별로 반가워하지 않으며 집이란 그 사람에 맞으면 된다고 생각한다. 최근에 그이가 어느 잡지에 썼듯이 "인간은 누구나 물리학자든, 사업가든, 배우든, 시인이든 자기의 삶을 이상에 맞출 권리가 있으므로."

안상수 씨 집의 거실

　안상수 씨의 집은 현관과 거실을 따로 가름을 하지 않아, 문을 열고 신을 벗으면 바로 거실에 들게 된다. 전체적으로 이 집은 위에서 보면 똑바른 직사각형꼴을 했는데 가운데에 있는 거실이 허리가 된다. 거실 서쪽으로 조붓한 복도를 사이에 끼고 아이들의 방과 안상수 씨의 작업방과, 부엌과 세탁실이 남북으로 갈려 있다. 부엌은 거실과도 트여 있지만 복도 중간을 터서 단 여닫이문을 열고 들어갈 수도 있다. 친구의 설계로 이 집을 지어 놨을 때에는 부엌과 거실 사이에 작은 방이 들어서 있었다. 그러니까 거실에서 부엌엘 가자면 복도를 거쳐야 했던 셈인데, 그 방이 별로 쓸모가 없는 데다가, 부엌과 거실이 옹색해서 벽을 뜯어 버렸다. 그랬더니 부엌과 거실이 한 공간으로 합쳐지어 실내 전체가 덜 궁색하게 되었고, 또 더 기능적이 되었다고 한다. 그러나 흠이 있다면 부엌과 그 벽을 뜯어 버렸다는 방과 거실에 애초에 필요한 만큼 내었던 북향의 창문들이 방을 터서 전체가 한 공간이 되고 나니 뜻밖에도 집의 침착한 분위기를 흐뜨릴 만큼 많아졌다는 점이다. 그래서 이 집 주인은 한쪽에 무늬가 있는 천으로 창문을 덮어 아늑한 거실의 분위기를 지키도록 꾸며

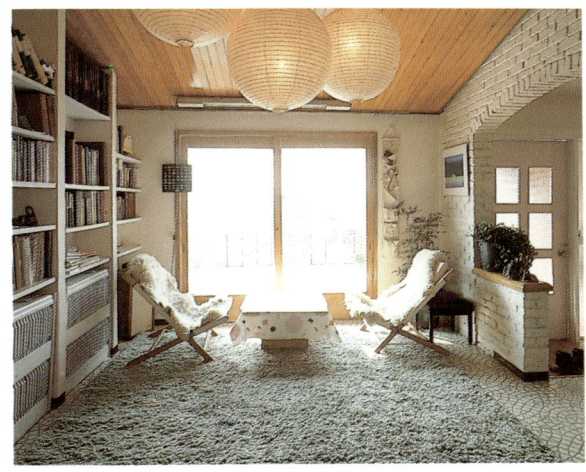

거실에서 뜰 쪽을 바라보았다. 왼쪽에 있는 책장은 처음에 집을 지을 때에 아예 그렇게 빚은 것이니 점잖고 의젓한 분위기를 거실에 준다. 현관과 거실을 따로 가름을 하지 않아 문을 열고 신을 벗으면 바로 거실에 들게 된다. 유리문 앞의 의자와 탁자가 소박하다.

놓았다. 거실 남쪽에 있는 커다란 여닫이 유리문은 겨울에는 잠가 두지만 여름에는 열고 뜨락으로 나갈 수 있다.

거실의 분위기는 아담하고 소박하며 도드라지게 눈길을 끄는 구석이 없는 편이다. 다만 그 동쪽 벽을 아예 책장 역할을 하도록 빚은 것이 특이하달 수 있겠는데 거실에 점잖고 의젓한 분위기를 준다.

세간들도 간소하다. 피아노가 있고 뜨락으로 난 유리문 앞에 나무로 만든 걸상 둘이 키가 낮은 탁자를 사이에 두고 마주 보고 있다. 피아노 옆과 부엌 쪽에 나무로 허리쯤 높이가 되는 책장을 짜서 놓았고, 거기에 전축을 올려 놓았다. 이 거실의 표정을 풍부하게 해 주는 것은 그래픽 디자이너인 주인의 집답게 풍부한 그림과 사진들이다. 만화의 주인공이 아이스크림으로 만든 산을 기어오르는 그림이 재미있다. 이 집 주인이 무척 좋아해서 달력에서 오려 액자에 담은 것이다. 그런 비슷한 그림들이 아이들 방에도 여기저기 잔뜩 붙어 있다.

현관문 코 앞에, 문에 들어서서 가장 먼저 눈길
을 끄는 자리에 커다란 이 집 주인의 사진이
붙어 있다. 거의 실물만한데 전시회를 할 때에
사진 작가인 친구가 찍어 준 것이다. 이 나라의
집에서는 좀처럼 보기 어려운 활달하고 개성있
는 이런 꾸밈은 낯선 손님이라도 얼른 이 집에
친밀감을 느끼게 해 준다.

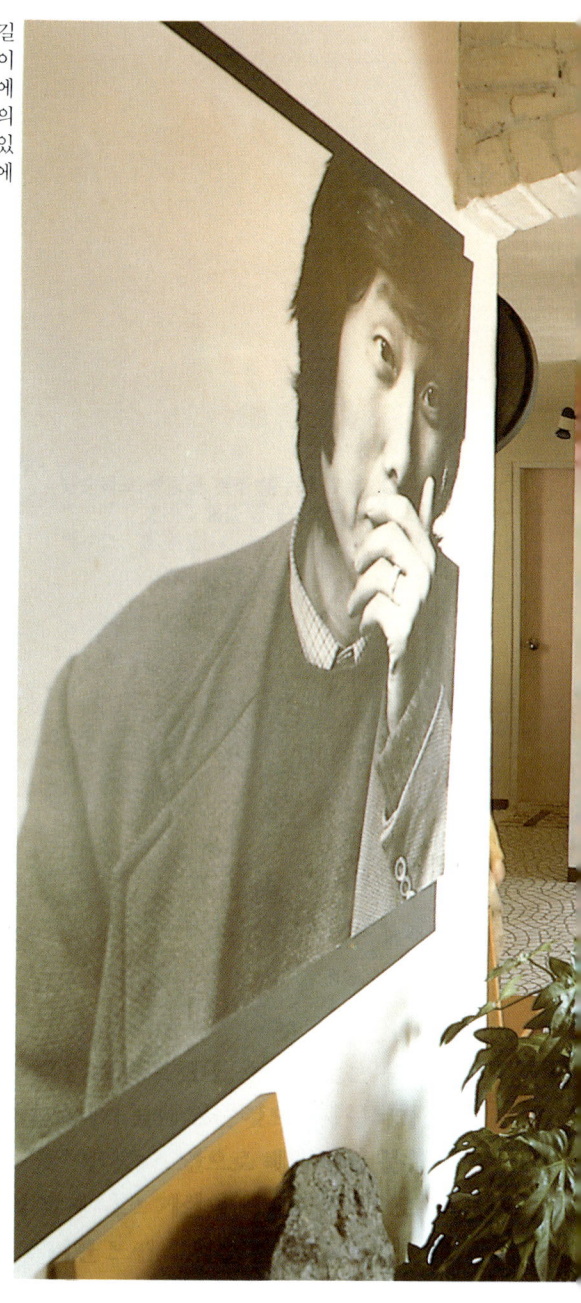

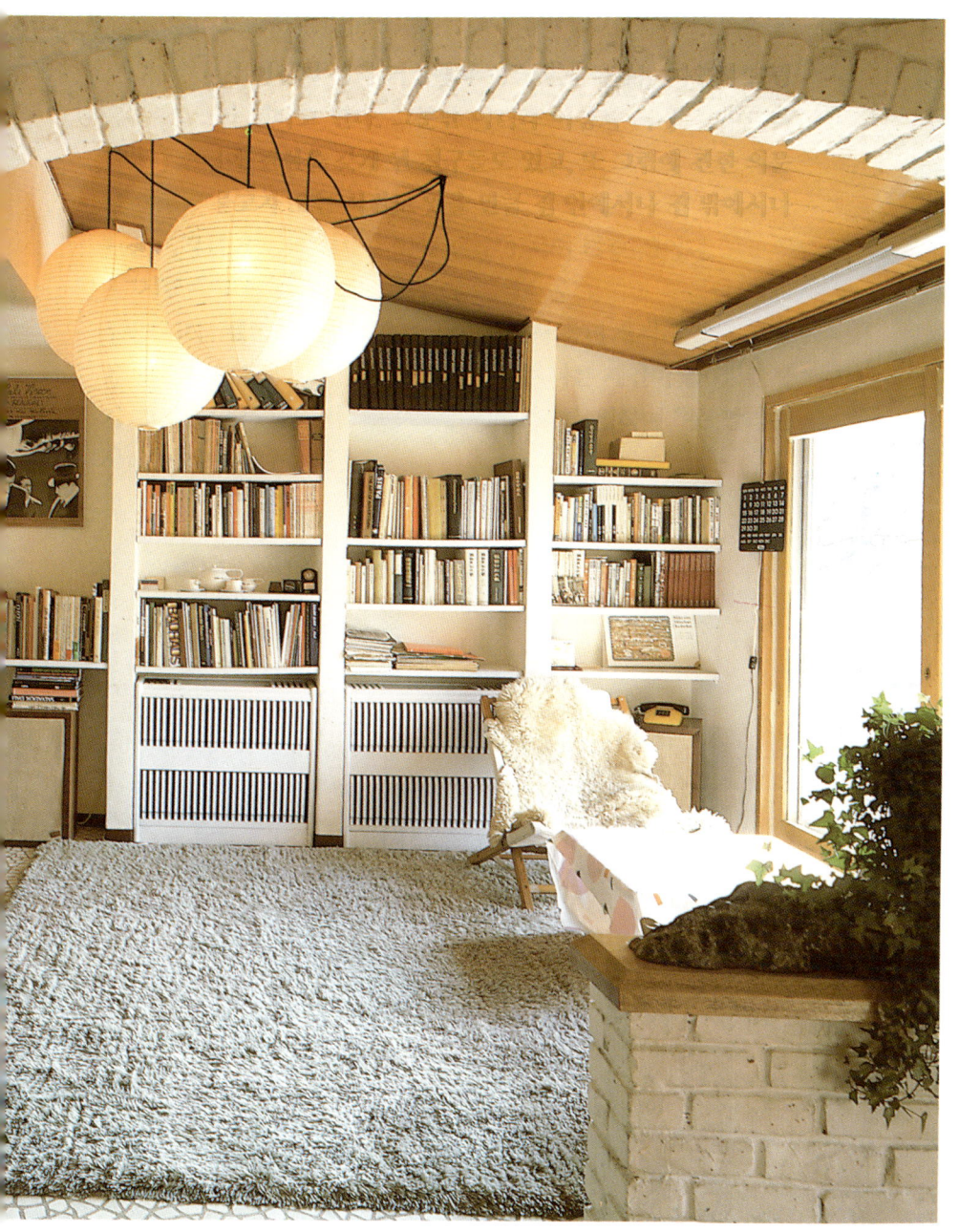

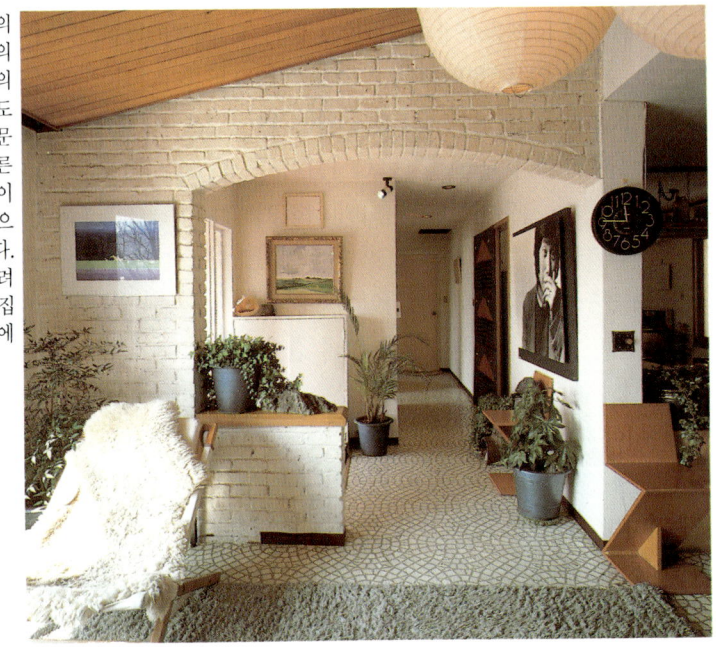

거실의 서쪽. 복도의 왼쪽에 아이들의 방과 이 집 주인의 작업방이 있다. 복도 끝에 보이는 노란문은 화장실이다. 오른쪽에 있는 여닫이 문으로 해서 부엌으로 들어갈 수 있다. 현관 옆 벽에 걸려 있는 그림은 이 집 주인이 오래 전에 그린 풍경화이다.

　가장 인상적이기는 아무래도 현관문 앞 벽에 붙어 있는 커다란 이 집 주인 사진이다. 크기가 거의 실물만한데 전시회를 할 때에 사진 작가인 친구가 찍어 준 것이다. 문에 들어와서 가장 먼저 가는 곳에 그렇게 자신의 모습을 대담하게 확대해서 붙여 놓은 모습은 거짓꼴로라도 겸허한 시늉들을 하고 있는 이 나라 사람들에겐 좀처럼 보기 드문 꾸밈이니 그의 이력을 전혀 모르는 손님이라도 이 집 주인의 인품이나 쾌활하고 자기 주장이 뚜렷한 개성을 대뜸 짐작할 수 있게 해 준다. 그렇게 식구들의 체취가 배인 점에서 이 집은 점수를 높이 줄 만한 집이라고 할 수 있다.

　친정에 가느라고 몸단장하는 부인의 모습을 곁에서 슬쩍 찍은 사진이 피아노 위에 있다. 이 집에 온 손님들의 눈길을 빼앗아 집안

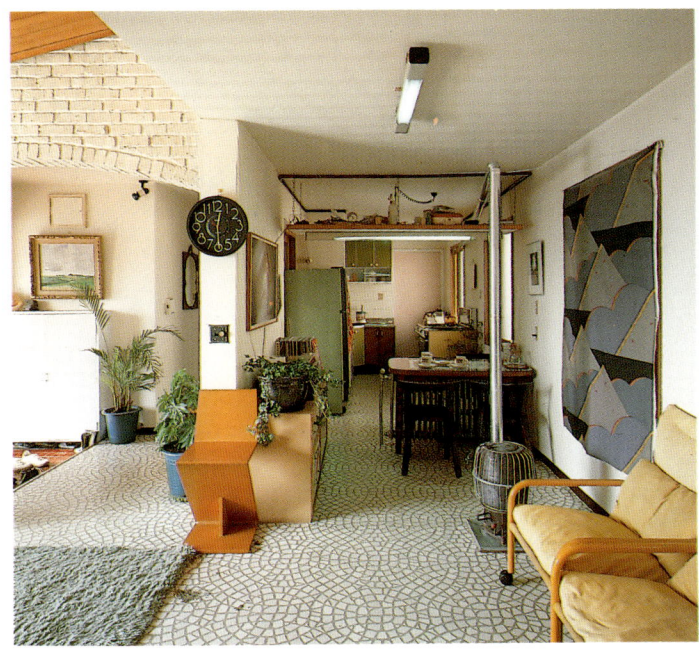

거실 서쪽에 있는
부엌. 애초에는 거실
과 부엌 사이에 작은
방이 가로놓여 있었
으나 부엌과 거실이
둘 다 옹색해서 그
방을 뜯고 부엌을
거실에 편입시켰다.
그 결과, 거실이 훨씬
더 시원스럽고 기능
적인 차림이 되었
다.

구석구석에 배어 있는 한 가정의 흐뭇한 속내를 새삼 맛보게 해
준다. 먼저 이렇게 자잘한 식구들의 정을 깃들게 하고 새삼 나눌
수 있게 하는 것에서부터 시작함이 집안을 잘 꾸미는 일의 순서라고
하겠다.

그는 집이 너무 작다고 해서 조금은 불만스러워한다. 다른 집에
갔다 돌아와 보면 너무 집이 비좁아 보여서 답답하게 느껴질 때가
있다고 한다. 난방이 썩 좋은 편이 못 되어서, 질박하게 벽난로를
장만했으면 좋겠다고 생각하지만 틈을 낼 자리가 도무지 없어서
늘 아쉬워한다. 공간을 절약하다 보니 허섭쓰레기들을 넣어 둘 수납
공간이 모자라서도 그렇다. 그는 뒤꼍에다가 조그만 광을 짓고 그
위에다 간장독을 올려 놓았으면 하고 벼르고 있다.

건축가 공일곤 씨 집의 거실

제목을 거실이라고 달았지만 이 방을 구경한 사람들을 모아다가 의견을 들어보면 중구난방으로 재미가 있을 것이니 어떤 이는 거실, 어떤 이는 서재라 할 것이고 응접실, 작업실, 음악 감상실이라고 할 사람도 드물지 않을 것이요 창고라고 말할 사람도 한둘쯤은 있을 것이다. 그만큼 이 방은 여러 가지 용도로 두루 쓰이는 말하자면 다목적 방이라고 할 수 있다.

공일곤 씨는 지금의 자리에다 땅 백평을 사서 남쪽에 마당을 서른 일곱평을 내고 남은 자리에 이층으로 본채와 별채를 올렸는데 제 것으로 다 쓸 만큼 넉넉한 살림이 못 되어 본채에서는 식구들이 살고 별채는 세를 주었다. 그 서른평되는 위층을 비우고 절반을 갈라 벽을 쌓았는데 한쪽은 세간을 두고 방으로 삼고 나머지 한쪽을 꾸민 것이 바로 이 거실이다.

거실의 모양은 직육면체꼴이며 안방을 거쳐서 들어오도록 되어 있다. 열다섯평이니까 좁은 방은 아니다. 서쪽 벽 모서리에 안방으로 이어지는 문과 테라스로 통하는 문이 나란히 있다. 창문은 동쪽 벽에만 좌우로 세짝이 붙었는데 햇살에는 좀 인색한 방이라는 느낌

이 없지 않다. 벽을 쌓은 거무틱틱한 변색 벽돌과 천장의 갈포 벽지
는 언제 보아도 따뜻하고 구수한 분위기를 만들어 준다.

　방 한가운데에 은백색 양탄자를 깔고 기역자 모양의 소파와 나무
탁자를 놓았다. 소파에 앉으면 가장 먼저 시선이 팔리는 것이 커다
란 카라얀의 사진이다. 남쪽 벽의 차림은 그 사진과 스피커 한벌이
다. 오디오 기기들과 천몇백장이 넘는 레코드와 그만큼의 테이프가
맞은편 북쪽 벽의 칠할을 점령하고 있다. 소파가 놓인 곳과 이 두
벽이 이 방에서는 가장 차분한 느낌을 주며, 여기에 투박한 송판으
로 짠 선반을 노출벽에 달고 책을 꽂아 놓은 동쪽과 서쪽의 벽이
어울려 이루는 분위기가 소탈하다. 곱상하고 점잔 부리는 여느 집의
서재나 거실과는 느낌이 다르다.

　거기에 모아 놓은 그 물건들이라는 게 참 갖가지이다. 큰 술병
들, 작은 술병들, 작은 오토바이들, 작은 목상들, 작은 석고상들,
모자들, 원격 조정 글라이더, 원격 조정 선박, 낡은 선풍기, 그림이
담긴 액자들 따위가 얼핏 눈에 띄는 것들이고 가운데에 끼이고 뒤로
밀리고 숨고 넘어진 것들까지 낱낱이 들자면 여간한 입심을 가지고
는 어림도 없다, 이러한 물건들이 책이 들어서고 남은 자리는 말할
것도 없거니와 캐비넷, 찬장, 오디오 기기, 반닫이 따위로부터 시작해
서 뭣좀 올려 놓을 만하다 싶은 세간의 위는 아예 만원 사례이고,
설 자리를 찾지 못하여 바닥까지 꾸역꾸역 밀려 내려오기도 하였
다. 이러한 모습들이 주인 말마따나 "창고 같은" 분위기를 이 방에
보태 준다.

　방 어딘가에서 자신이 잡은 커다란 참치를 앞에 놓고 배 위에서
찍은 그의 사진을 발견할 수가 있다. 그는 매우 광적인 바다 낚시꾼
이다. 그래서 서쪽 벽 구석에는 엄청나게 많고 자상한 바다낚시
도구들이 빼곡히 들어차 있다. 그 벽 쪽의 풍경은 보기에도 그렇고
기능도 그렇고 창고라고 해서 크게 어긋나지 않는다.

이 방은 거실, 서재, 작업실, 창고 따위로 갖가지 용도로 골고루 쓰도록 꾸며졌다. 카라얀의 사진이 붙은 벽이 남쪽 벽이고 그 왼쪽에 작업대와 갖가지 연장들이 보인다. 처음으로 이 방에 들어와 본 사람은 시선이 이리저리 끌리는 바람에 잠시 어리둥 절해질 것이다.

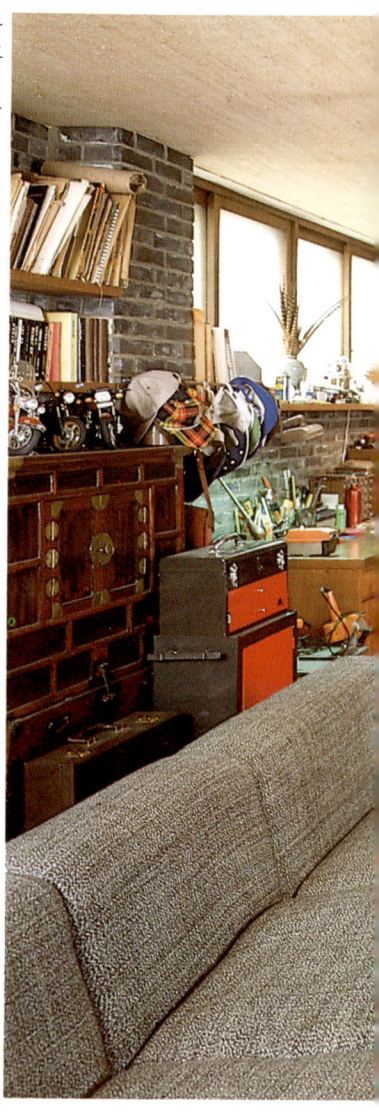

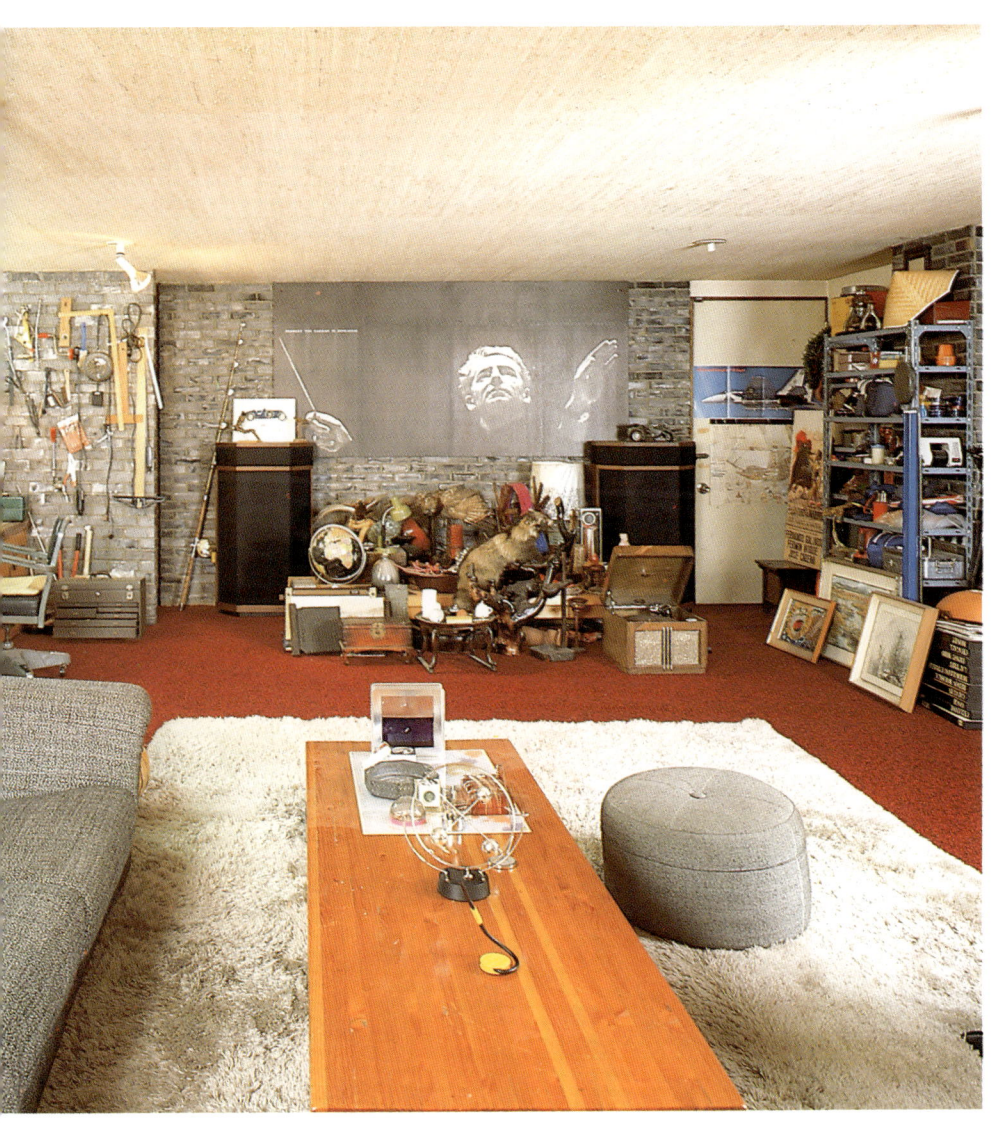

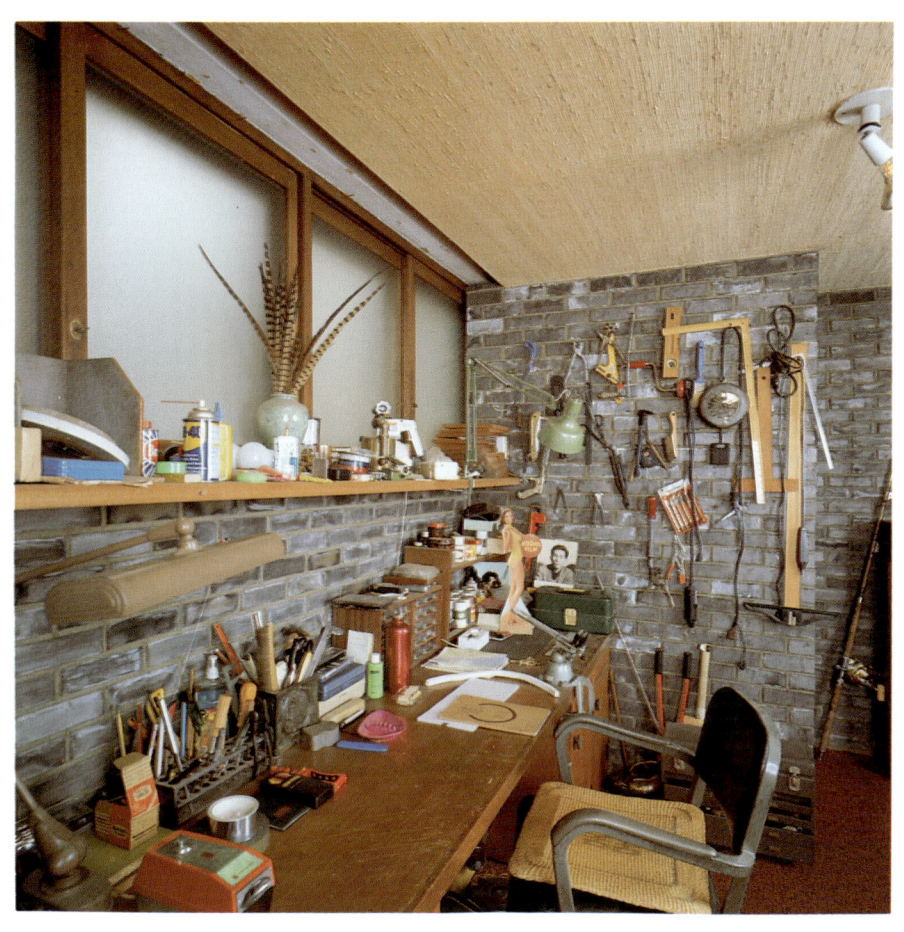

작업대. 갖가지 공구나 연장들이 눈에 띄는 것말고도 공구 가방에 수두룩하다. 어느 전파사, 어느 목공소도 구색이 이만한 곳은 드물 것이다. 이것들은 거의가 고물상에 서 하나씩 하나씩 사 모은 것들이다. 이 방 주인은 워낙 고치기를 좋아하고 못 고치는 것, 못 만드는 것이 없어 이 방에도 그가 손수 만든 것들이 많다.

이 방에서 가장 재미있는 대목은 역시 동쪽의 그 넓은 벽이다. 오른쪽에서 시작하는 그 벽 앞의 삼분의 일을 작업대가 차지하고 있다. 그 작업대 위와 벽 둘레에 갖가지 연장과 공구들이 수북하게 쌓였거나 걸려 있다. 잘 모르는 사람들에게는 이름을 듣기는커녕 보기도 처음 보는 신기한 것들이 많이 보일 것이다. 이것만 가지고 도 놀랄 만하지만 그러기에는 아직 이르다. 보조 서랍이 기기묘묘하게 달린 공구 가방들과 공구통과 칼 하나쯤은 넉넉히 자르고 갈아 만들 수 있는 만능톱과 하다못해 유리 자르는 칼과 혁대 구멍을 뚫는 송곳과 손가락만한 대패와 각종 스위치까지 구비된 한약방의 약장처럼 생긴 공구함을 마저 봐야 한다. 한마디로 어느 전파사, 어느 목공소라도 이만한 구색을 갖춘 곳은 드물 듯하다.

사정이 이러하니 이 방에서는 못 고치는 것, 못 만드는 것이 없으리라는 것을 쉽게 짐작할 수 있다. 실제로 방 가운데에 놓인 나무 탁자나 원격 조정 글라이더, 원격 조정 선박, 타임 딜레이용 앰프 같은 것들이 그가 이 방에서 손수 만들고 조립한 것들이다. 재수가 좋은 사람은 그가 만든 로보트를 구경할 수도 있다.

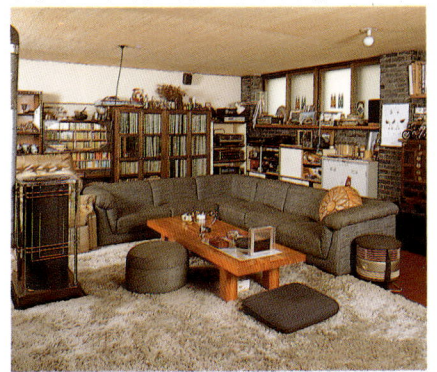

전축과 천몇백장이 넘는 레코드. 서양 고전 음악 감상이 그의 가장 귀중한 취미이다.

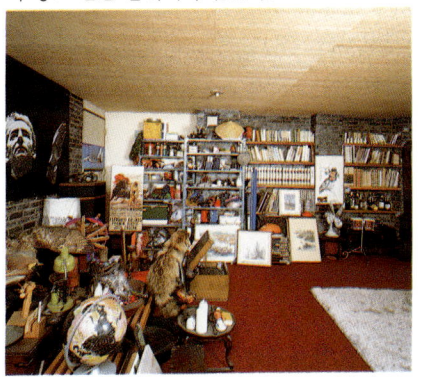

가득 쌓아 놓은 낚시 도구들 때문에 이 방은 더욱 더 창고 같은 분위기가 감돈다.

이 방에는 새 것이라곤 없다. 주인의 표현을 빌자면 주로 "고물" 뿐이다. 앞에서 말한 물건들이 모두 그러함은 말할 것도 없고 바닥의 은백색 양탄자도 세해 전에 친구가 이사할 때에 얻어 온 고물이다. 또 키가 작은 캐비넷과 반닫이, 오디오 기기 같은 세간들이 모두 "고물 축"에 드는 것들이다. 그러나 그가 하는 고물이라는 말을 오해해서는 안 된다. 그가 고물이라고 할 때에는 낡고 헐어서 못 쓰게 된 물건이란 뜻이 아니고 오래도록 쓰기에 좋고 인간적인 냄새가 물씬한 물건이란 뜻이다. 그런 뜻을 좀더 분명히 표현하고 싶을 때에 그는 고물이란 말 대신에 더러 "골동품"이란 말을 쓰는 버릇이 있다. 이 방은 이런 골동품의 분위기가 구석구석에 가득하다.

　　이 방이 좀 산만하고 어지럽고 투박하다고 여길 사람이 있을 것이다. 여러 가지 서로 다른 기능들을 한데 섞어 모은 데다가 창고 역할까지 떠맡다 보니 어수선한 기분이 드는 게 사실이다. 누구보다도 주인 자신이 그 점을 잘 알고 있으니 이 방의 차림이 그럴듯해지려면 좀 더 많이 치워 내고 여백도 알맞게 남겨야 할 것이라고 일러 준다.

건축가 김원석 씨 집의 거실

　서울 도봉구 미아동에 자리잡은 김원석 씨 집은 동네에선 "언덕 위의 유리집"으로 통한다. 올해로 지은 지 꼭 십년이 되는 이 집은 그리 눈에 도드라지지는 않으면서도 독특한 개성 때문인지 주위의 평범한 집들을 묵묵히 압도하고 있다. 대지 백한평에 건평은 일층이 열평, 이층이 스무평이니 아래층의 면적이 위층보다 더 넓은 일반 주택과는 달리 일층이 이층을 떠받쳐 주고 있는 셈이다.

　겉으로 보아서는 이층집이지만 내부는 두개의 중간층이 있어 실제로는 사층식으로 설계되어 있다.

　현관에 들어서면 사랑방과 작은 화장실이 있고 중이층─일층과 이층 사이에 있는 공간─이 부엌 겸 식당으로 되어 있다. 이층에는 거실과 욕실, 그리고 몇 계단 더 올라가 안방이 있다. 고개를 숙이지 않으면 머리가 닿을 듯한 대문을 들어서서 현관을 거쳐 한층, 한층 위로 올라가면 오밀조밀하고 허세라고는 전혀 느낄 수 없는 실내 분위기가 처음으로 이 집을 찾은 사람도 금방 친해지고 편안하게 해 준다.

　열두평으로 이 집의 거의 절반을 차지하는 거실은 애당초 "원

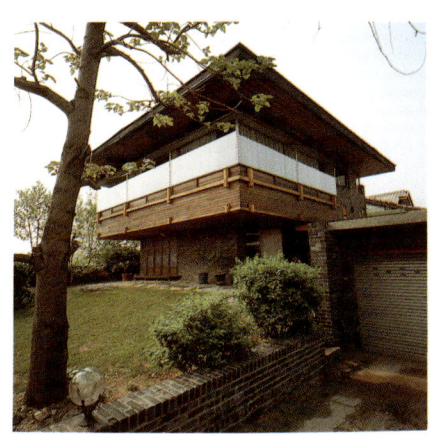

겉에서 보아서는 이층이지만 내부는 두개의 중간
층이 있어 실제로는 사층식으로 설계되어 있다.

룸 시스템"으로 여러 가지 기능을 제공하도록 구상되었다. 그 가운
데에 욕실이 있고 ㄷ자 모양으로 삼면 전체가 큰 유리판으로 고정된
창문식 벽으로 되어 있으니 그야말로 유리집이다. 창문 위 아래로
돌아가며 미닫이식의 문을 내어 통풍이 되게 해 놓았기 때문에 유리
창을 열 수는 없지만 바람은 충분히 즐길 수 있다.

　이 집에 갓 이사 왔을 때만 해도 아이들이 어려 거실은 모두의
휴식처요, 아이들의 침실인 공간 따위로 다목적 기능을 훌륭히 해내
었으나 아이들이 "프라이버시"를 원할 만큼 자라자 공간 구성도
조금 바뀌게 되었다. 거실의 서쪽 구석은 큰딸의 공간으로 책상을
주역으로 하여 자질구레한 세간이 구석구석에 들어섰다. 거실의
분위기가 답답해지지 않게 하면서 한쪽으로 독립된 공간을 만들기
위해 눈 높이보다 낮은 옷장이 칸막이 구실을 겸하고 있다. 동쪽
구석에는 천장 높이에 거의 가깝게 시멘트 블록으로 벽을 쌓고 문을
짜 붙여 거의 완전히 독립된 공간이 만들어져 있다. 이 시멘트 블록
의 벽은 거실을 다시 넓히고 싶을 때에 간단히 치워 버릴 수 있다.

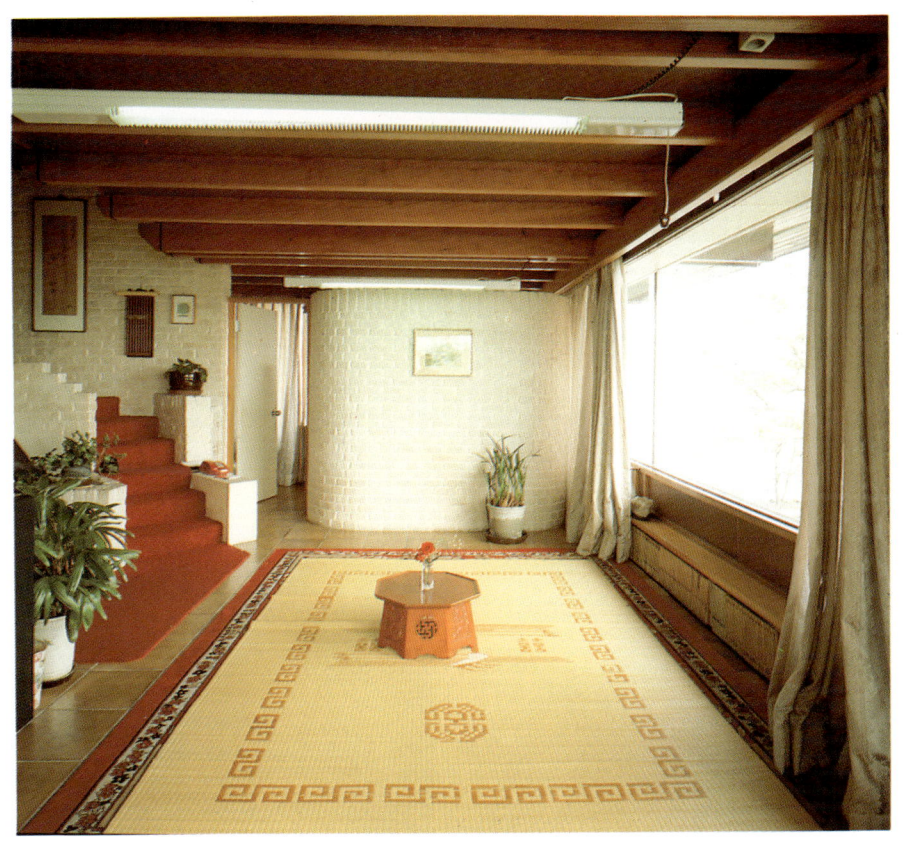

이층에 있는 거실. 삼면 전체가 큰 유리판으로 고정된 창문식 벽으로 되어 있다. 왼쪽에 안방으로 올라가는 층계가 보인다. 가운데 보이는 벽은 벽돌을 쌓고 창호지를 바른 것이다.

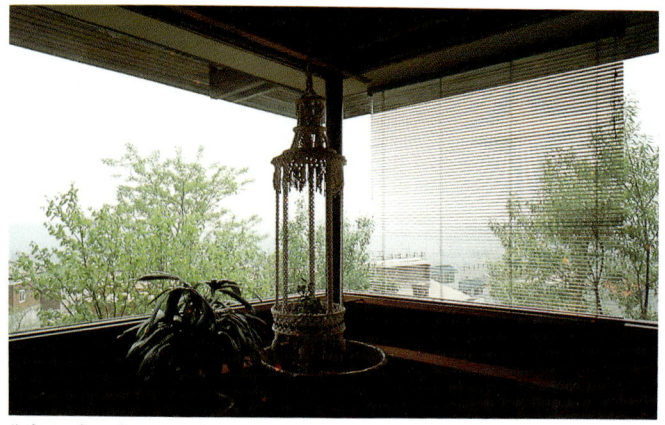

"원룸 시스템"으로 여러 가지 기능을 제공하도록 구상되어 있는 거실은 ㄷ자 모양으로 삼면 전체가 큰 유리판으로 고정된 창문식 벽으로 되어 있는 유리 집이다. 거실의 유리벽을 찍었다.

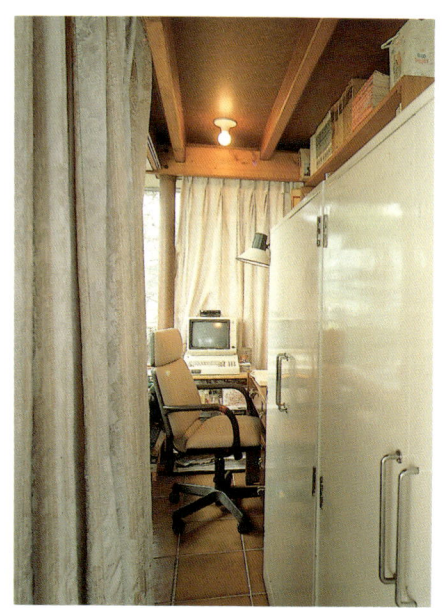

거실 서쪽 구석에 있는 두 딸이 사용하는 방. 책상을 주역으로 하여 자질구레한 세간이 구석구석에 들어섰다.

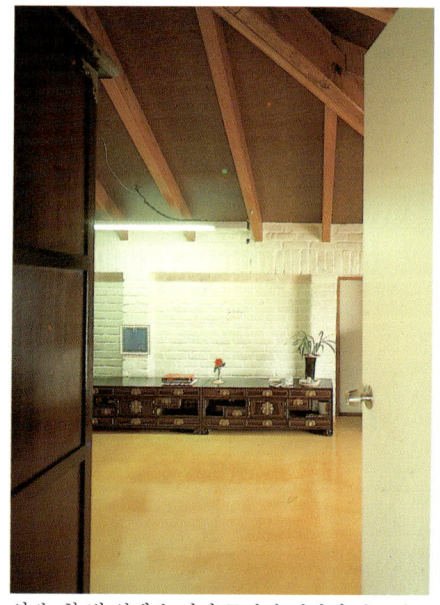

안방. 흰 벽 앞에 놓여진 문갑과 천장에 가로지른 서까래가 대조적인 분위기를 이루면서 차분한 멋이 있다.

이 집은 건축가인 집 주인의 철학이 구석구석에 물씬 배어 있다. 다른 집들에 견주어 천장들이 조금 나지막해서 허세나 권위 의식을 전혀 느낄 수가 없다. 어떤 공간의 천장은 아예 손이 닿을 만큼 낮으니 집과 함께 호흡하며 친밀감을 갖도록 했다. 벽에 걸린 그림의 높이가 제각기 다르다. 자세히 보려면 허리를 구부려야 될 만한 높이에 걸린 것이 있는가 하면 한참 고개를 들어 올려다보아야 될 것도 있는데 최소한의 세간으로 단순하게 꾸미면서도 충분히 변화를 주도록 궁리되어 있다.

이 집의 층계는 어린 방문객들에게 가장 인기있는 곳이다. 작은 공간을 최대한으로 활용하면서 단조로움을 피할 수 있도록 층계는 세번 틀어져 올라간다. 대개가 일직선이거나 한번 꺾어져 올라가는 여느 집 층계에 견주어, 공간의 절약은 말할 것도 없고, 그 아기자기한 맛이 매력적이다.

본디 거실의 바닥은 온돌이었으나 관리하기가 좀 번거로워 타일로 바꾸었다. 층계와 욕실 쪽의 벽은 처음에는 빛깔과 질감이 마음에 드는 파벽돌로 쌓아 알몸 그대로 두었다가 실내 분위기를 좀더 포근하게 하기 위해서 창호지를 발랐다. 이 작업이 말처럼 그리 쉬운 일은 아니었다. 벽돌 한장 한장의 들쑥날쑥한 선을 살리기 위해 창호지를 벽돌 한개쯤의 크기로 모두 잘라 일일이 벽돌의 모양이 드러나도록 손으로 다듬어 가며 붙여야 했다. 온 식구가 총동원되었는데 초배를 포함해 세겹을 바르는 데에, 회사와 학교와 집안일로 바쁜 식구들이 짬이 나는 때가 흔히 휴일이나 저녁 식사 뒤이고 보니 틈나는 대로 부지런히 했는데도, 무려 석달 가까이의 시간이 소비됐다.

실내 분위기로 보나 위치상의 분위기로 보나 친구들이 미아리라는 동네 이름에서 따 붙여 준 "아리장"이라는 이름이 썩 잘 어울린다. 또 자연을 최대한으로 살려 마당을 평지로 다듬지 않고 경사진

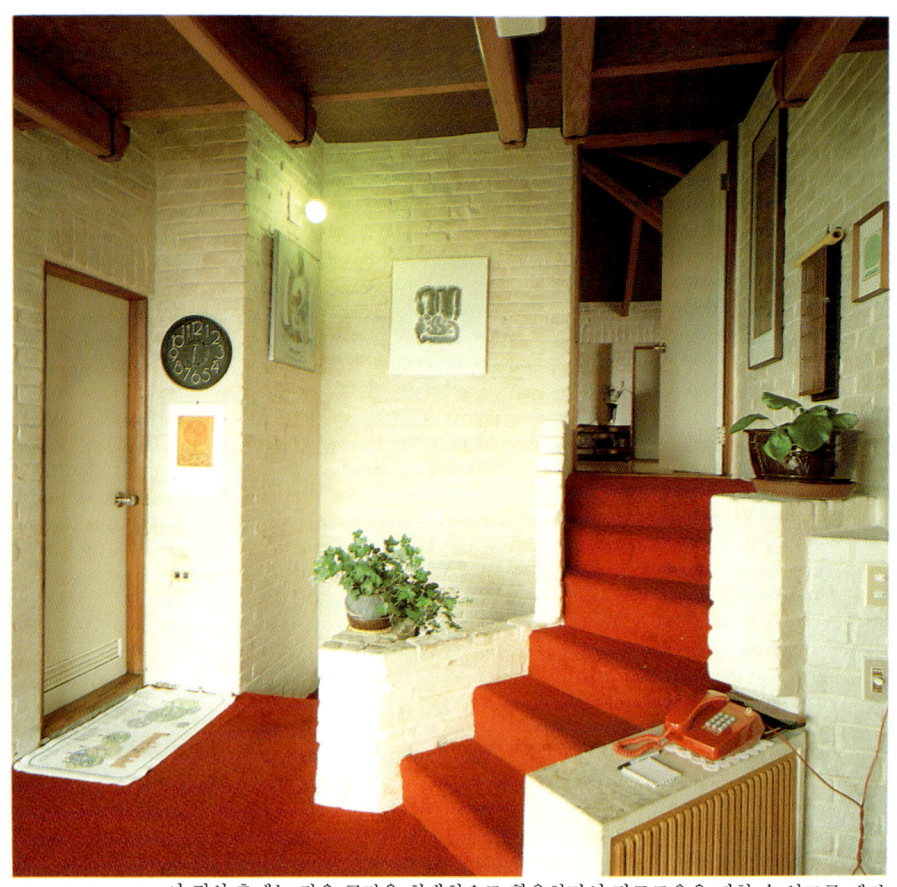

이 집의 층계는 작은 공간을 최대한으로 활용하면서 단조로움을 피할 수 있도록 세번 틀어져 올라간다. 공간마다 다른 천장의 높이, 높낮이가 저마다 다르게 걸린 그림들이 이 집에 친밀감과 변화감을 더해 준다.

언덕 그대로에 잔디를 입힌 것이나 군데군데 암반을 그대로 살려둔 것이 산장 같은 느낌을 더해 준다. 이사 오면서 심었을 때만 해도 꼬챙이 같았던 오동나무가 이젠 아름드리 고목이 되어 정원을 압도하고 있다.

건축가 박찬무 씨 집의 거실

박찬무 씨는 집 네채가 한 울타리 한 뜰을 쓰는 이른바 공동 주택에서 산다. 한채가 지하층까지 포함해서 네층으로 이루어져 있는데 한 가구가 두층씩을 쓰니 여덟 가구가 이루는 마을에 사는 것이다.

가구끼리는 서로 완전히 독립이 보장되어 있다. 그러면서도 공동 책임의 일은 공동으로 처리한다. 이를테면 뜰을 가꾸거나 대문을 고치거나 하는 일도 공동으로 한다. 한달에 한번쯤은 으레 그런 일들로 모임을 갖는 이 여러 집 식구들은 또 서로 집을 봐 주기도

테라스에서 거실을 바라보았다. 간결하고 기능적이면서도 나선형 층계와 기하학적인 모양의 조명 시설이 어울려 아늑한 분위기를 자아낸다.

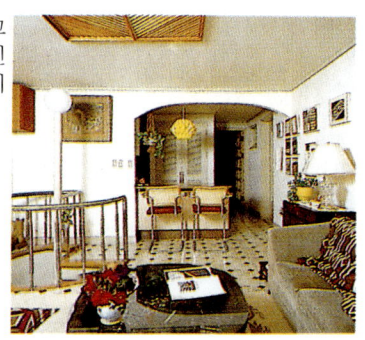

한다. 성탄절에 공동 파티를 여는가 하면 초여름에는 하루 저녁을 잡아서 온 식구들이 뜰에 모여 앉아 불고기 파티를 벌이기도 한다. 아이들은 동무들이 많아서 좋아한다. 곧잘 베개를 들고 이웃의 동무 방에 가서 자는 일도 있다.

박찬무 씨가 아파트 생활을 청산하기로 마음먹은 것은 그 벽창호 같은 환경에도 그랬거니와 가끔 이웃끼리 오간다는 대화가 오로지 아파트 값에 쏠리는 풍경에 넌덜머리가 났기 때문이다. 그러나 서른 일곱평짜리 아파트를 처분해서 단독 주택을 마련하기가 어려웠다. 땅값만 해도 엄청났다. 그래서 그는 오랫동안 벌러 온 공동 주택에 대한 생각을 실천에 옮기기로 했다. 곧, 몇 사람이 함께 돈을 내어 땅을 사서 집을 짓되 한 뜰과 한 울타리를 쓰며 각자는 단독 주택의 분위기와 생활과 이웃 사이의 정도 알뜰히 누릴 수 있는 집을 꿈꾸었다.

뜻 맞는 사람끼리 어렵사리 모여 집이 완공되었다. 그러나 이 집은 뚝딱 지어 파는 이 따로 있고, 사 쓰는 이 따로 있는 집이 아니었다.

입주자들은 오랫동안 신중한 토론의 과정을 거쳐서 세세한 부분까지 설계에 동참했고, 공사 도중에도 끊임없이 자신의 의견을 첨가했다. 그래서 입주자들의 개성과 욕심이 듬뿍 반영된 집이 되었다. 뜰, 대문, 담 같은 집 밖의 환경은 대개 회의를 통해 다수결로 결정되었고, 아주 큰 뼈대만 스스로 건축가인 박찬무 씨가 설계했으나 실내의 세부적인 것은 각자의 개성과 요구에 따라 꾸며졌다.

전체적으로 볼 때에 집 세채는 동쪽에서 서쪽으로 한줄로 늘어서 있고 땅 사정 때문에 한채만 서쪽 끝에 좀 떨어져 있다. 집들은 남북으로 길게 뻗은 꼴을 하고 있다. 박찬무 씨가 사는 곳은 동쪽 끝 집의 아래 두층이며, 실내를 꾸민 사람은 이 집의 실질적인 이용자인 그의 아내이다.

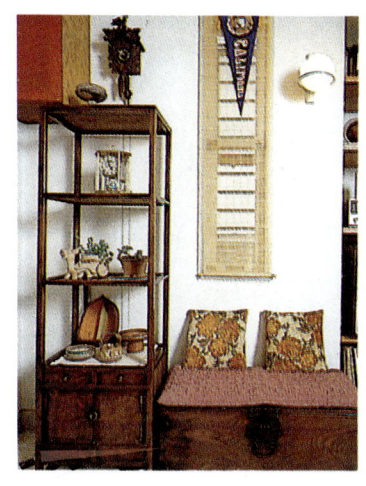

동쪽 벽의 길쭉한 창과 오목한 자리를 내어 선반을 걸어 놓은 꾸밈은 기능도 살리고 벽의 표정도 풍부하게 해 준다.(왼쪽)

서쪽 벽의 풍경. 집 주인이 건축가답게 벽에는 건축 사진들이 붙어 있다.(아래)

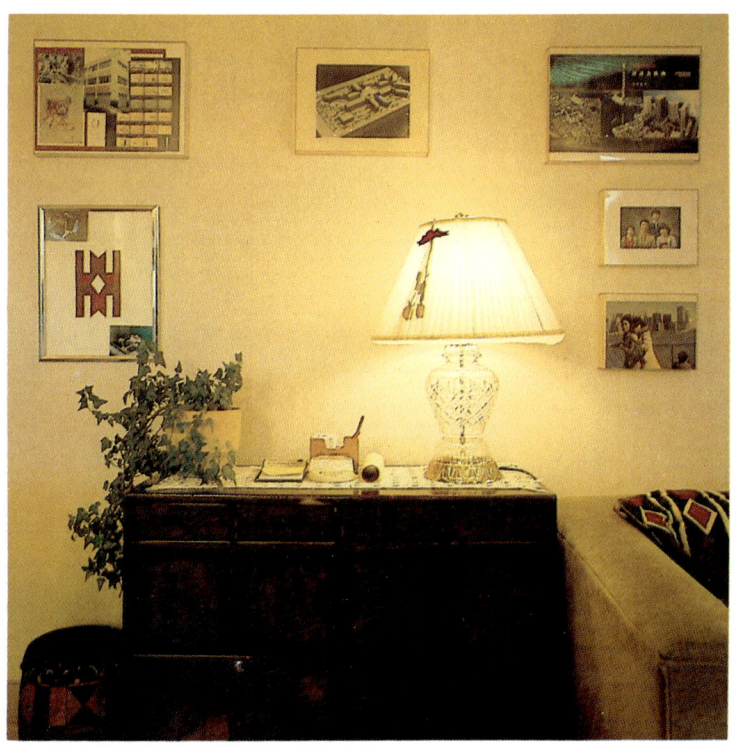

벽에 오목한 자리를 내어 나무 선반을 달아 놓은 모습이 수수하고 실용적이면서도 단조롭기 쉬운 벽의 표정을 풍부하게 해 준다. 비좁은 공간에 알뜰하게 적응한 나선형 층계도 그렇다. 그 부드러운 난간의 곡선이 기하학적인 조명 시설과 어울려 여간 아늑한 분위기를 자아내는 것이 아니다.

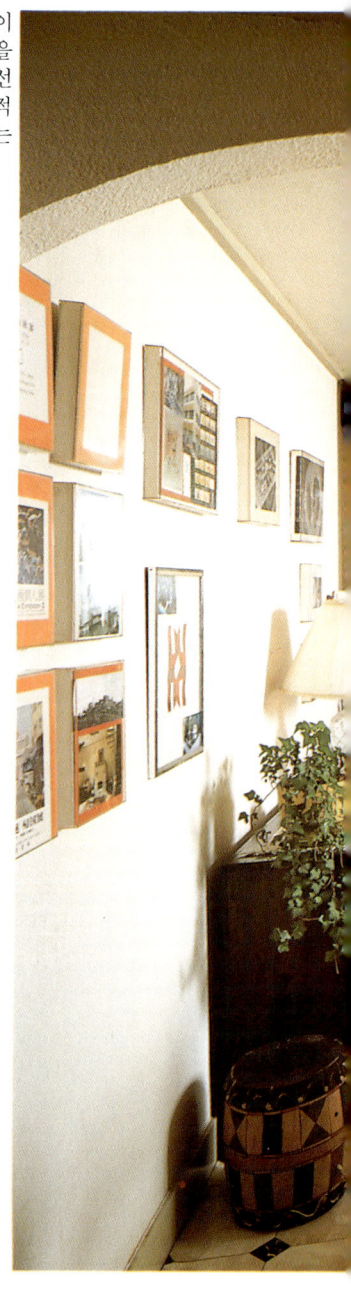

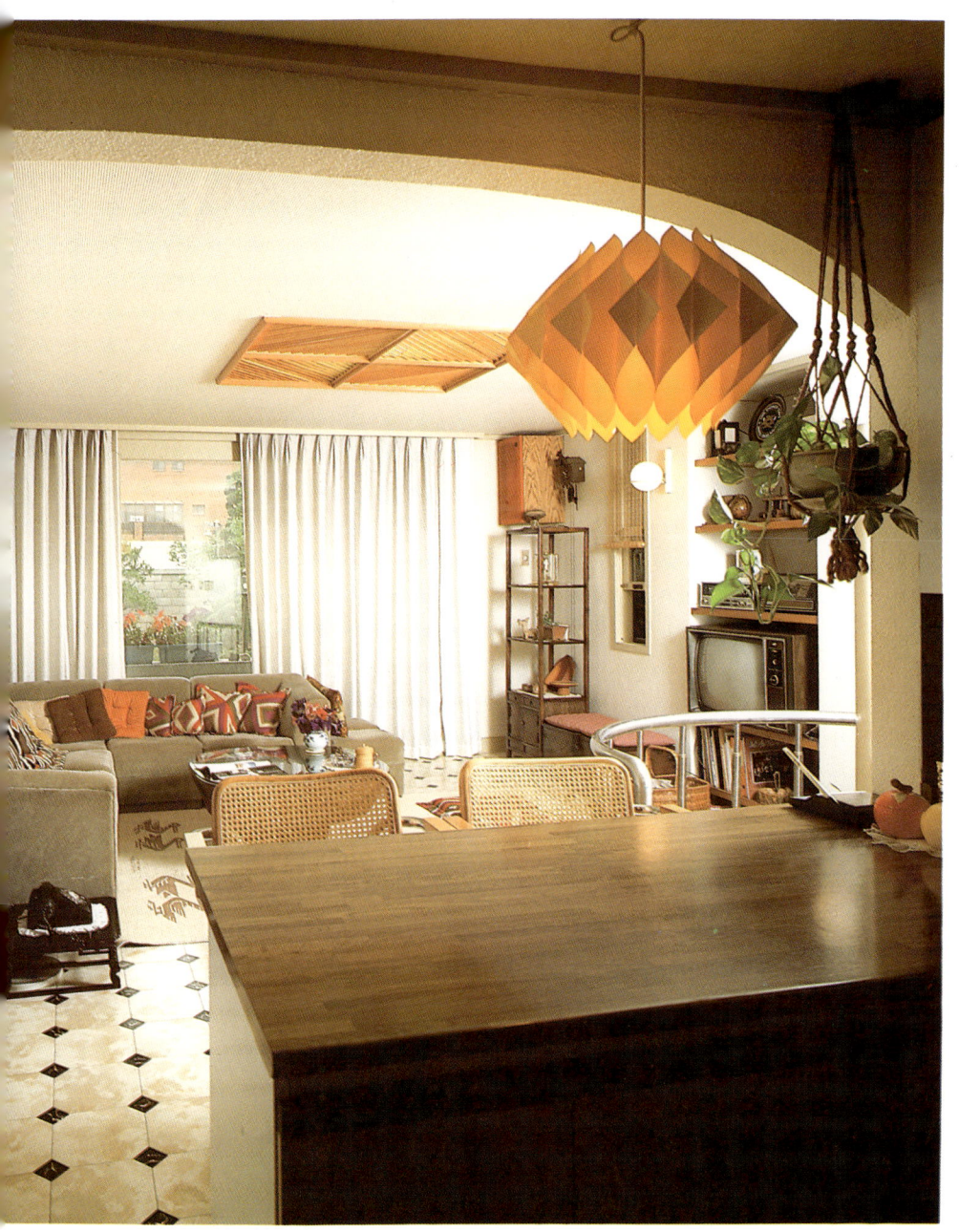

현관에서 실내로 들어오면 오른쪽에 아들이 쓰는 방이 있다. 남쪽 끝에 자리잡은 거실까지 이어지는 복도의 왼쪽에는 딸과 부부의 침실이 있고 그 오른쪽에는 부엌과 식당이 있다. 이 집의 거실은 이 공동 주택의 다른 집과 달리 부엌에서 식당을 따로 떼어 독립시켰다. 이 집 주인은 식당의 역할을 크게 친다. 식사는 하나의 "의식"이어야 하며, 식구들의 오붓한 만남의 자리이기 때문이다.

여덟평 남짓한 거실은 부엌과 경계가 없이 이어져 있으며, 거실에서 시작되는 층계가 보통 때는 부인이 화실로 쓰는 지하층으로 연결된다. 그리고 집 남쪽 거실에는 뜰을 만나며 테라스가 딸려 있다.

거실의 가구라곤 기역자 모양의 홀쭉한 소파와 판유리를 얹은 탁자와 조그마한 문갑이 전부이다. 퍽 수수하고 간소한 차림을 한 이 거실을 찬찬히 들여다보면 이 거실을 꾸민 집 주인의 알뜰한 안목을 읽을 수가 있다.

가장 눈에 먼저 띄는 것이 그 지하실로 가는 층계이다. 여염집에서는 좀처럼 보기가 힘든 나선형 층계이다. 공간을 절약하려는 실용적인 의도가 깃든 층계이지만, 그 부드럽게 흐르는 난간의 곡선이 그 끝에 서 있는 기하학적인 모양의 조명 시설과 어울려 거실을 무척 아늑하고 여유있는 공간으로 만들어 준다. 처음으로 이 집을 방문한 사람들이 눈에 익숙치 못한 이 층계에 꽤 당황을 하는 모양이나, 실제로 한두번 오르락내리락 해 본 다음에는 그런 불안감을 말끔히 지워 버린다고 한다.

거실 벽에 폭이 일 미터쯤 되게 오목하게 자리를 내서 나무 선반을 걸어 놓은 것도 눈여겨볼 만하다. 공간도 절약되고 쓰임새도 실용적임은 말할 것도 없거니와 그 자체가 여간 아늑한 벽 꾸밈이 아니다.

그 양 옆에 폭이 좁고 길쭉하게 난 창도 재미있다. 이러한 창들은 실내에서뿐만이 아니라 집 바깥에서 볼 때도 벽의 표정을 풍부하게 해 주고 무엇보다도 집안 통풍에 한몫을 단단히 한다. 침실에도 똑같이 생긴 창문이 달려 있는데, 침실 문을 열면 부엌에 딸린 창과 침실 안의 창이 서로 마주 보는 사이라 무더운 여름 밤에도 "바람이 솔솔 분다."

거실과 주방 사이에 고정되어 있는 작업대처럼 생긴 탁자도 이 집을 꾸민 이의 꼼꼼한 배려를 엿볼 수 있는 구석이다. 바쁜 식구가 그 옆에 서둘러 앉아 급하게 밥을 먹는 데이기도 하고, 무엇을 찬찬히 뜯고 조립하는 곳도 되며 아이들이 앉아서 책을 읽거나 숙제를 하기도 하는 곳이니, 그야말로 다목적, 다용도 탁자이다.

거실에서 살펴볼 수 있는 이 같은 알뜰한 공간 처리는 이 집 전체에서도 두드러지게 발견할 수 있는 특징이다. 그리하여, 이를테면 현관의 신장과 수납장부터 시작해 각 방에 있는 벽장들, 복도 한쪽에 달린 붙박이장과 엄청나게 많은 물건들을 손쉽게 담고 꺼내 쓸 수 있는 주방에 달려 있는 붙박이 찬장이 알뜰하고, 지하층의 그리 넓지 않은 공간을 골고루 야무지게 활용한 데에서도 알뜰함을 볼 수 있다. 당최 공간 하나도 아무렇게나 흘려 버릴 줄 모르는 집, 사람으로 치자면 수전노처럼 야무진 집이 이 집이다.

박찬무 씨의 공동 주택은 "당신과 나의 집"을 지어 보려는 소박한 시도였다. 여러 입주자의 욕심을 골고루 받아들이다 보니 자신의 생각을 맘껏 펼치지 못한 대목이 많아서 아쉬움이 많다고 그는 말한다. 그러나 이런 마을이 서울 한복판에 있다는 사실은 여간 반가운 일이 아닐 수 없다.

화가 윤형근 씨 집의 거실

　화가 윤형근 씨는 열아홉해 동안 살아 온 서교동의 낡은 "국민
주택"을 헐고 지난해 가을에 새로 번듯한 이층 양옥을 올렸다. 본디
터가 기름하니 새 집 또한 기름하게 지어졌다.

　마흔댓평 되는 아래층은 모두 화실로 쓰인다. 현관 마루의 왼켠에
너댓평 되는 조그마한 방이 부인의 화실이고 오른켠에 있는 넓은
방 둘이 윤형근 씨가 손님을 들이거나 그림을 그리는 방이다. 거실
은 이층에 있다. 삼올로 짠 칙칙한 흙 빛깔 자리가 이층으로 오르는
층계에 접혀 깔려 있다. 올이 투박하고 굵어 꼭 멍석 같다. 거실은
넓이가 열한두평 남짓한데, 정방형이다. 거실로 들어가는 문 맞은편
벽의 왼쪽 모서리가 부엌에 바로 통하고 오른쪽 구석에 낸 복도는
끝이 침실로 이어진다. 남쪽은 몽땅 터서 누르께한 한지를 바른
미닫이 네짝을 해 막고 알루미늄 샷시로 짠 통유리문 네짝을 밖에
덧달아 놓았다. 거실 안에서는 이웃집 지붕들만 보여서 아직 그
분위기에 젖어들지 않은 손에게는 삭막한 느낌을 줄 듯하다. 테라스
로 나와야 뜨락의 수수꽃다리와 후박나무가 보인다. 거실 한복판에
는 허우대 좋은 연갈색 가죽소파와 푸른색과 검정색이 얼룩진 돌판

을 인 탁자가 버티고 있다. 이 소파와 탁자는 이 방에 놓인 물건으로 가장 침착하지 못한 것이어서 눈에 도드라져 보인다.

벽에는 관현악을 잘 되살리는 스피커 한벌, 실내악을 섬세하게 살려내는 스피커 한벌이 놓였다. 소파 옆에 춘양목으로 길다란 나무 틀을 짜놓고 거기에 감추듯이 전축과 레코드를 담아 놓았다.

윤형근 씨의 집에는 거실이 이층에 있다. 공들여 치장한 흔적을 쉬 찾아보기 어려운 방이지만 그의 아내가 생활의 질서를 존중하여 사려깊게 "꾸민" 것이다.

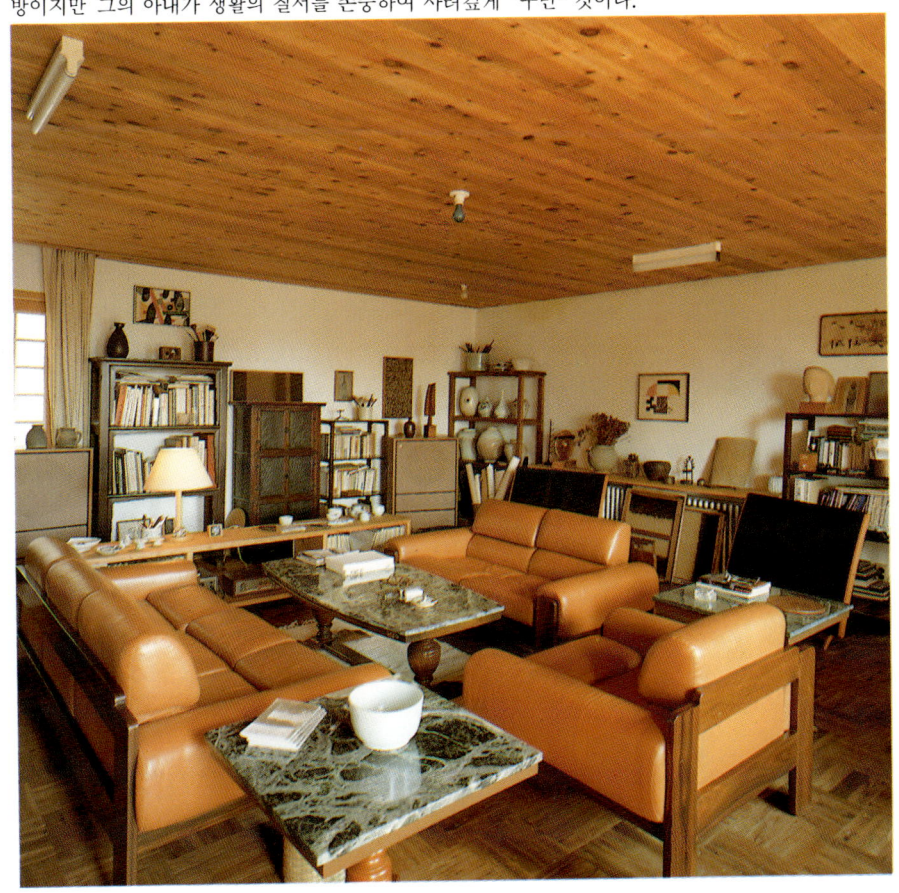

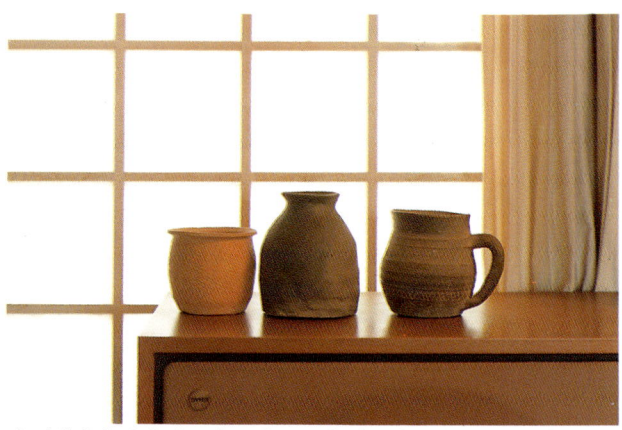

이 거실에서 가장 아늑해 보이는 풍경. 창호지를 바른 문과, 질박하고
아름다운 토기의 어울림이 볼 만하다.(위)

윤형근 씨의 열일곱살짜리 외아들이 국민학교 오학년 때 연필로 그린
옥수수 그림(아래)

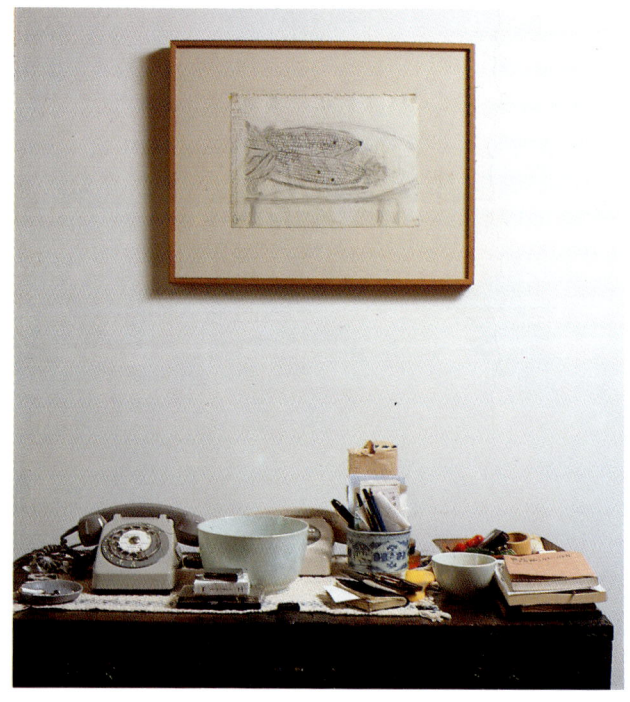

북쪽 벽과 동쪽 벽 곧 층계 쪽 벽을 따라서 반닫이, 문갑, 삼층장, 책장, 탁자 들이 늘어서 있는데 모두 낡고 허름한 것들이다. 어느 구석을 보아도 도대체 공들여 꾸민 흔적이 없다. 얼핏 보아서 들쭉날쭉 거칠고 매끄럽지가 않다.

가구들 위에 늘어놓은 갖가지 잡동사니들이 볼 만하다. 손가락만 한 도자기, 목이 부러진 도자기, 황토 빛깔 나는 적토기, 나뭇조각, 이빨 빠진 접시, 큼직한 사기 그릇, 빗살무늬가 난 누런 암키왓장, 여자의 석고 두상으로부터 시작해서 손 닿을 만한 곳이면 어디에나 드라이버, 시계, 연필, 촛대, 먹, 벼루, 붓통, 가위, 손거울, 스탠드, 페인팅 나이프, 나무로 깎은 숟가락, 고지서와 영수증이 잔뜩 꽂힌 지통, 책 따위가 어지러울 만큼 벌려져 있다.

이 거실을 두고 부인은 윤형근 씨에게 할 말이 많다. "방을 정사각형으로 내어서 세간을 자연스럽게 놓고 꾸미기가 힘들었어요. 그래서 벽도 시원찮고. 저(남쪽) 문만 해도 그래요. 너무 커서 분위기가 산만하고 썰렁하잖아요? 애당초 내가 테라스에 나가서 볼 만한 것이 있는 것도 아니니 아담하게 창문을 내자고 했는데 저이하고 설계사가 끝내 이렇게 만들어 놓았어요. 문이 작았더라면 훨씬 더 아늑할 텐데." 아닌 게 아니라, 윤형근 씨는 이런 부인의 말에 대꾸도 시원스레 못한다. "창문이야 크면 시원할 것 같아서 그랬지. 그런데 지어 놓고 보니 저 사람 말이 옳지 뭐야!"

건축은 잘 모르지만, 요즈음 집 설계하는 사람들도 조선 목기에서 많은 것을 배워야 한다는 것이 그의 믿음이다. 그래서 방 한쪽에 놓은 조선 시대 부엌 탁자의 간결한 아름다움을 한참 설명한 다음에, 구석에 놓여 있던 조그마한 나무 의자를 가져다 보여 준다. 그는 그 조그마한 의자가 자신의 공간에 썩 잘 어울린다고 생각한다. 프랑스에서 살다가 돌아오면서 딴 잡동사니와 함께 이것만은 꼭 들고 왔어야 했다. 비록 프랑스 것이나 조선 목기를 닮았으면 "내

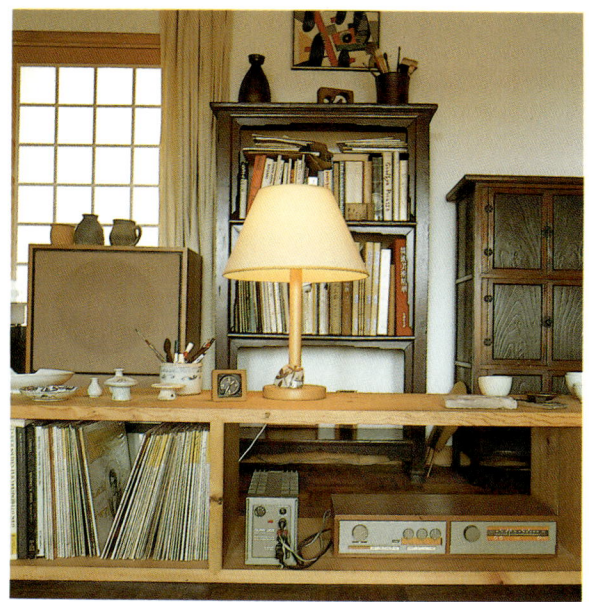

춘양목으로 짜고 아무 칠도 하지 않은 나무틀을 소파 곁에 놓고
거기에 전축과 레코드를 담아 놓았다.

것"이라고 했다.

　그는 이처럼 기능을 크게 친다. 아름다움보다 기능을 더 앞세운
다. 얼핏 보면 이 점은 그가 예술인이라는 사실과 아귀가 잘 맞지
않은 듯하다. 그러나 이야기 뒤에 삶을 떠난 겉치레의 아름다움,
눈만을 섬기는 잔치레에 대한 혐오가 두드러진다. 그는 생활 속에서
자연스럽게 우러나오는 아름다움을 바란다. 예술이나 그 밖의 어떤
것이나 자연스럽게 이루어져야 진짜라고 강조한다. 사람 손이 너무
들어가 꾸미고 덧붙이고 "달달 볶고" 다듬으면 인간의 재미와 멋은
사라진다는 것이다. 그래서 윤형근 씨의 거실 천장에는 샹들리에가
있을 수 없다. 내다버린 전봇대를 켜서 짠 삼나무 천장에 백열 전구
다섯개와 형광등 둘을 박아 놓았을 뿐이다.

유대기 씨 집의 거실

한참 골목을 헤매다가 유대기 씨의 집 앞에 서니 문패가 가장 먼저 눈길을 빼앗는다. 다른 집들과 달리 가장 이름말고도 나머지 세 식구의 이름까지도 죄다 함께 적혀 있다.

유씨 집은 겉모습이 퍽 인상적이다. 직선을 멋대가리없이 배합해 놓은 요즈음의 양옥집에 눈이 훈련된 이들에게는 낯이 설 만큼 조형적이다. 지붕이나 콘크리트 벽의 마감에서 부드럽게 흐르는 곡선과 크고 작은 사각형과 원형의 창문들이 서로 어울린 모습이 거의 환상적인 느낌마저 준다. 그러면서도 결코 되바라지게 내세우거나 우기는 구석이 없는데 이 집을 설계한 공일곤 씨는 "어린 시절의 꿈"이 깃든 집을 지어 보려 했다고 한다.

바깥에서 보았던 인상만큼이나 실내의 모습도 새롭다. 거실의 남쪽 벽은 벽 대신에 완전히 페어 글래스를 꾸며 놓아서 마치 온실과 같은 느낌을 준다. 무엇보다도 특이한 점은 일층과 이층이 천장으로 막혀 있지 않고 서로 터져 있으며 이층이 반원의 구조물로 되어 있다는 것이다. 말하자면 이층이 실내에 나 있는 테라스같이 생긴 꼴인데, 아래층 거실에 앉아서 이층의 천장까지 올려다볼

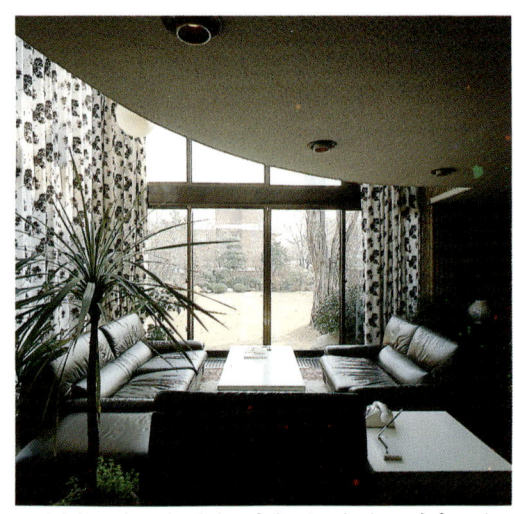

거실에서 바깥 뜰을 내다보았다. 남쪽을 온통 페어 글래스
로 창문을 내서서 마치 온실 같은 분위기가 난다.

수 있다. 아주 단순하고 대담한 구조이다.

　"장대한" 커튼이 걸린 페어 글래스 쪽의 벽돌은 이 집의 바깥벽처
럼 밑바닥에서부터 천장까지 세로 주름을 낸 콘크리트 노출벽이
고, 아래층에서 보이는 테라스의 난간에는 시멘트를 바르고 흰 페인
트 칠을 했다. 투박한 재료들이건만 뻑세게 느껴지질 않는다.

　일층에는 거실말고도 부엌과 식당 그리고 둘째아들의 방이 있고
이층에는 안방과 맏이의 방이 있고 그 방들 앞에 있는 것이 그 테라
스 거실이다. 아래층 거실에는 까만 가죽을 씌운 응접 세트가 한가
운데에 놓여 있다. 현관에서 거실로 들어오는 입구에 반닫이가 하나
있고, 그 맞은편 구석에 책탁자가 놓여 있는데, 그 위에 말린 대추를
수북이 담은 바가지와 연이 보인다. 벽난로 위에 동양화가이자
이 집의 안주인인 탁낭지 씨가 만든 애기 주먹만한 도자기들이 가지
런히 놓여 있다. 또 이 집에서 가장 많이 눈에 띄는 것들도 그 작가
가 그린 동양화와 목판화들이다.

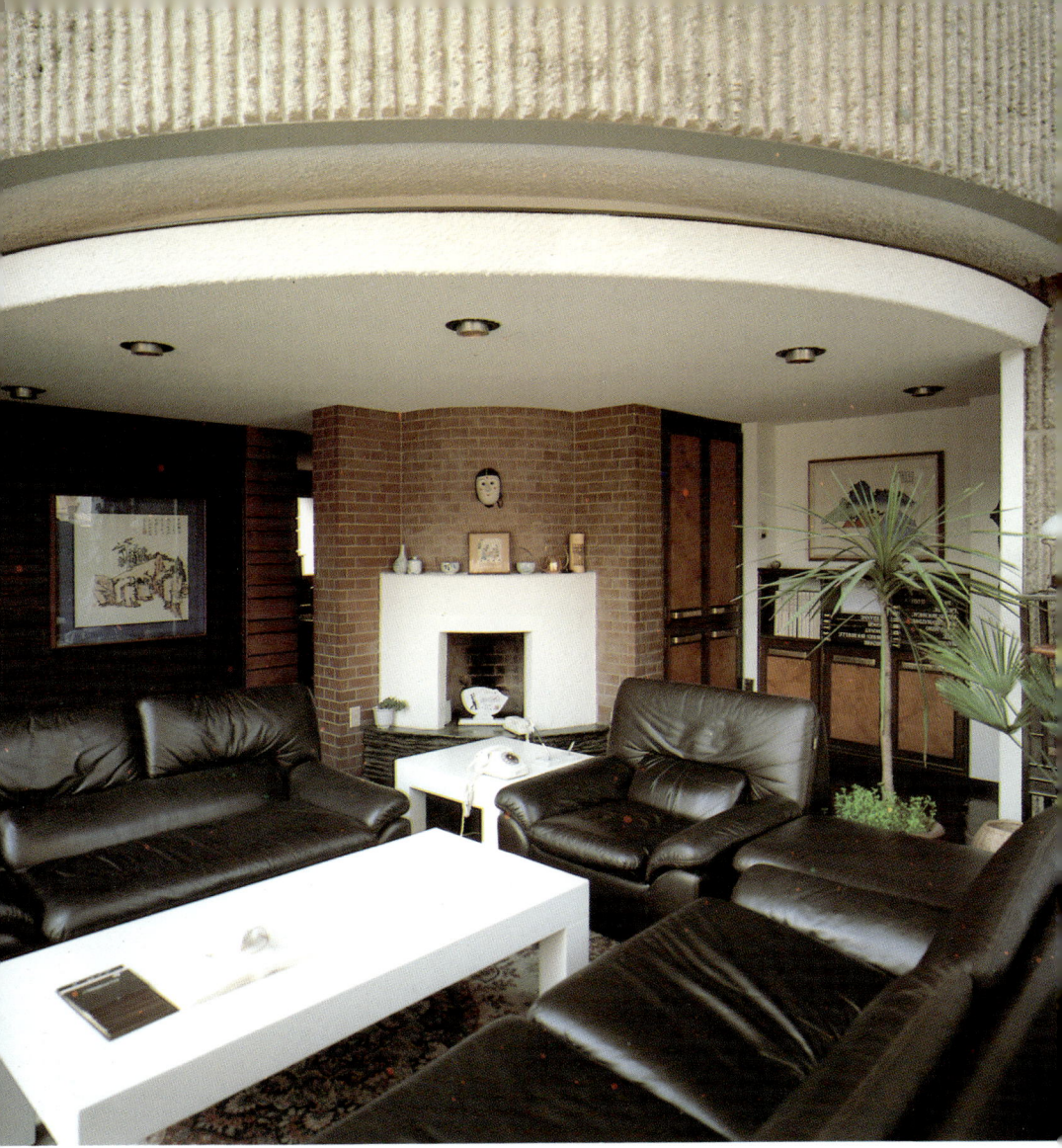

반원 모양을 한 이층 난간이 이 거실에서 가장 독특한 구석이다. 바깥벽의 마감과
똑같이 만든 그 난간의 주름잡힌 콘크리이트 노출벽이 조금도 뻑세게 느껴지지 않는
다. 이 거실은 커다란 응접 세트말고는 군더더기나 수다가 없이 썩 간결한 차림을
하고 있다.

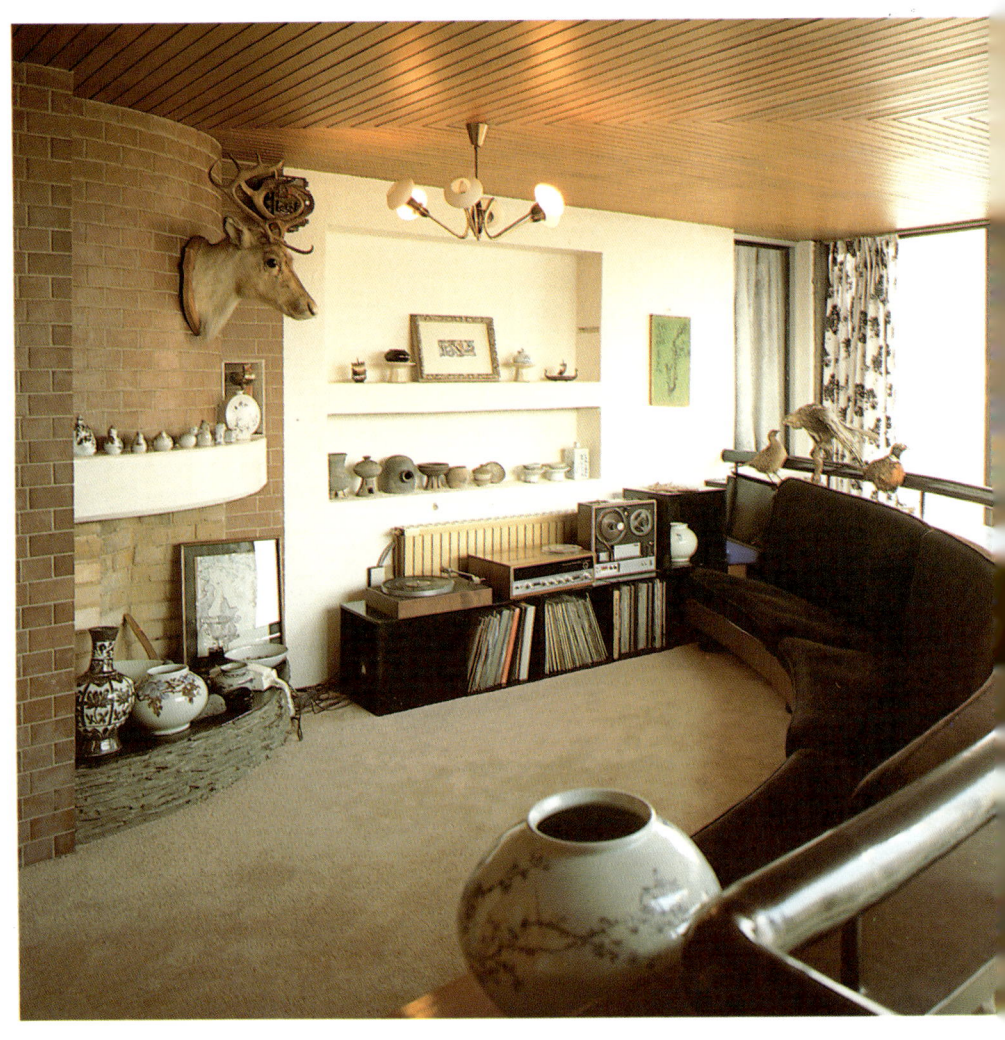

62 유대기 씨 집의 거실

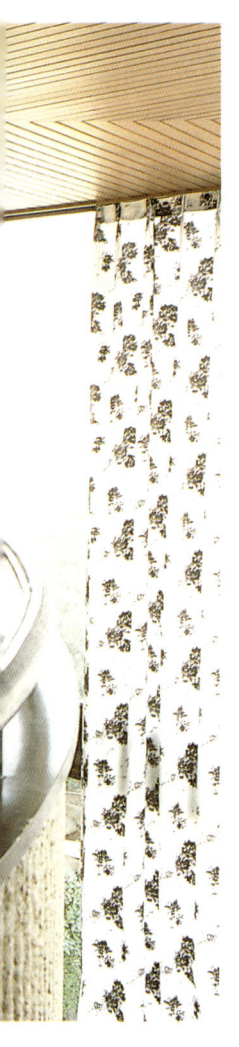

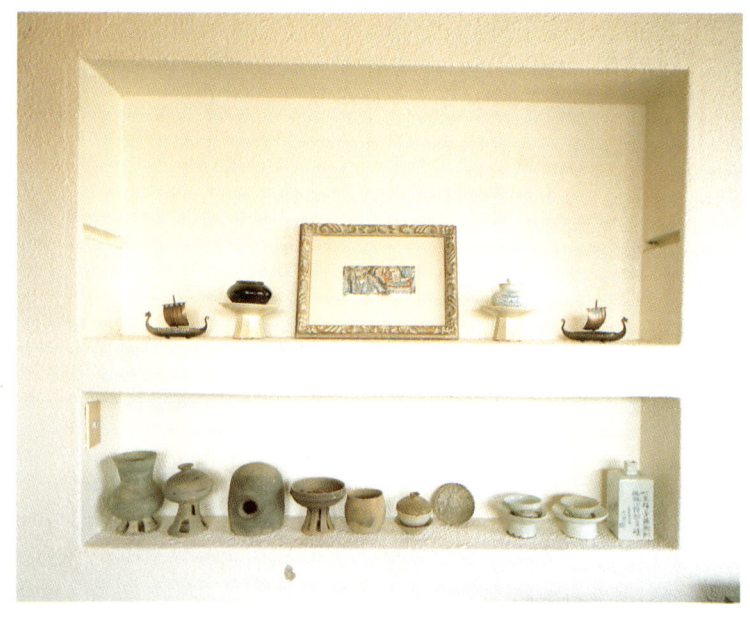

이층의 거실. 자리를 내어 토기와 도자기들을 가지런히 얹어 놓은 벽의 모습이 침착한 아름다움을 느끼게 해 준다. 난간 밑에 소파가 둘러져 있다. 이 거실은 개방과 고립이 반반씩 섞여 있다.(옆)

이층 거실의 단아한 벽 풍경. 토기와 도자기들은 동양화가인 이 집의 안주인인 탁낭지 씨의 눈썰미와 애정이 듬뿍 담긴 물건들인데, 도자기들은 그가 손수 빚은 것들이다.(위)

이층 거실에서 난간 너머로 바깥 풍경을 내다보았다.(아래)

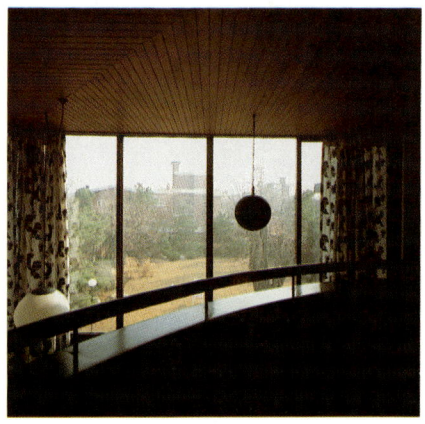

거실은 차림이 아주 간결해 보인다. 실내의 골격이 독특해서 수다스러운 군더더기가 필요없어 보이기도 하지만, 무엇보다도 이 집의 안주인이 세간을 오밀조밀하게 경영하는 일을 아주 꺼리기 때문이다. 그 부인의 말로 표현하자면 그는 "늘어놓지 않고 사는 것"을 "추구하는" 사람이니 "적당히 내버려 두고 산다"는 얘기도 "세간이 사람을 능가해서는 안 된다"는 그의 원칙에 따른 말이겠다.

아래층 거실보다는 이층의 거실이 훨씬 더 정답고 은밀해 보인다. 한쪽 벽에 네모꼴로 움푹 들어가 있는데, 그 위에 작은 토기와 도자기들이 늘어서 있다. 그 앞에 전축이 있고, 반원형 테라스 난간 밑으로 소파가 둘러져 있다. 아래층 거실이 넓고 개방적이어서 손님을 여럿 맞이하거나 식구들이 죄다 모여 소란스럽고 분주한 분위기를 담을 수 있다면, 세평 남짓한 이층의 거실은 혼자 차분히 앉아 음악을 듣거나 창 바깥을 바라보며 생각에 잠기기에 제격일 만큼 개방과 고립이 반반씩 섞인 묘한 공간이다. 천장에서 길게 줄을 드리워 까만 공 둘과 하얀 공 들을 매달아 놓았는데, 하얀 건 등이고 까만 게 스피커이다.

얼개가 "독특한" 집일수록 흔히 그 안에서 몸소 사는 사람들의 편리를 배반하는 경우를 많이 보는데, 주인의 말에 따르면 이 집은 그런 점에서 성공을 한 집이다. 아이들을 한방에 데리고 잘 때부터 대학에 보내는 지금까지 이 집에서 살아왔지만 불편함을 별로 느껴 보지 못했다는 것이다. 사실 외관은 독특할망정, 집안의 구석구석은 아주 내용이 충실하고 기능적이 되도록 꼼꼼한 배려를 했다. 이를테면 각 방의 벽들마다 수납 공간들이 아무질 만큼 풍부하다.

"집은 지을 때 그대로이지만 그 안에 사는 사람들은 자라고 성장하고 변해 갑니다. 그래서 집을 허물고 뜯어고쳐야 되고 하는데, 흔히 불편해도 그냥 놔두고 살지요. 그런 점에서 저는 제집에 만족합니다. 때때로 페인트 칠만 새로 했을 뿐이니까요."

송광섭 씨 집의 거실

　서울 방배동에 있는 건축가 송광섭 씨의 집은 대지와 건평이 육십 평씩이고 지하층과 일층과 이층으로 되어 있다. 벽에는 헌 벽돌을 둘렀고, 지붕에는 천연 슬레이트를 경사지게 얹었다. 출입구가 저마다 따로 달린 지하층과 이층은 남이 세들어와 살고 두딸과 송광섭 씨 부부가 사는 자리는 일층이다. 그는 뜰을 좋아해서 넓이를 사십 평이나 되게 넓게 잡았으니 이녁 식구가 사는 일층의 연면적은 스물 두평 남짓밖에 안 된다.

　일층의 평면도를 보면, 두변이 북쪽과 서쪽에 서고 동남쪽을 보는 그 삼각형의 빗변에 정팔각형이 스물두평 반쯤 걸쳐 있는 꼴이다. 그 정팔각형이 거실이고, 거실을 중심으로 해서 다른 공간들이 딸려 있다. 거실을 정팔각형으로 한 데에는 여러 생각이 있었지만 뜰 한가운데에 집을 짓기 전부터 서 있던 호두나무를 그대로 살리고 즐기려는 이유가 가장 컸다. 그 호두나무가 여름에는 가지와 잎으로 유리창을 덮어 주고 가을에는 열매도 한 가마는 따게 해 준다고 한다.

　현관은 거실 동쪽에 있다. 현관에서 거실까지 이어지는 복도는

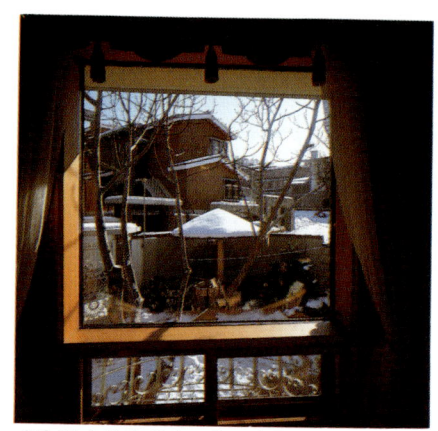

바깥 뜰이 환히 내다보이는 거실. 호두나무가 여름이면 가지와 잎이 유리창을 덮고 열매도 한해에 한 가마를 낸다.

중간에서 한번 살짝 휘어지는데 천장이 가볍게 아치로 되어 있어서 아기자기하고 아늑해 보인다. 거실로 들어갔다. 거실 서쪽에 부부의 침실이 따로 딸린 안방이 있고, 안방 코 앞에 송광섭 씨의 서재이자 작업실인 지하 방으로 내려가는 층계가 나 있다. 부엌은 북쪽에 있다. 뚜렷한 구별이 없이 거실과 한 공간으로 묶여 있는 부엌의 모습은 작은 공간을 편리하고 요령있게 쓰면서도 거실에 넓고 시원한 분위기를 자아낸다. 부엌과 안방 사이 곧 거실의 서북쪽에 이층으로 오르는 나선형 층계가 보인다. 거실의 동쪽에서 서남쪽까지는 유리 창문으로 대담하게 트인 팔각형의 네면이다. 거실 바닥에는 까맣게 칠한 옥천석을 깔았다. 엎어 놓은 깔대기 모양의 벽난로가 거실 가운데에 있는데 예전에 흔했던 갈탄 난로처럼 구수한 느낌을 준다. 이 벽난로는 송광섭 씨가 손수 벽돌을 쌓고 백시멘트를 발랐는데 아무리 달궈져도 손이 데이지는 않는다. 전체적인 거실의 색조는 밝고 세부의 꾸밈이 아기자기한 편이다.

이 거실은 옛 전통 집의 사랑채나 정자의 분위기가 물씬 난다.

우선 팔각형인 점이 그렇고, 사방이 툭 트여 뜨락 풍경을 맘껏 즐길 수 있는 점이나 햇살이 풍부한 점, 게다가 땅보다 삼분의 일층쯤이 솟아 있는 점이 그런 분위기를 더욱 돋보이게 한다. 거실 천장에 팔각형의 미송 틀을 짜 붙인 것도 그런 옛 분위기를 거들기 위함이었다.

이 거실의 자랑은 단연코 그 풍부한 햇살이라고 할 수 있겠다. 해가 북반구에 떠 있는 동안에는 제 코 앞에 붙들어 놓겠다는 욕심이 분명하게 드러나는 이 거실은 이른 아침부터 저녁 늦게까지 끊임없이 햇살을 받아들인다.

팔각형꼴을 한 이 거실은 천장에도 팔각형의 나무틀을 짜 붙여서 사랑채나 정자의 느낌이 물씬 난다.

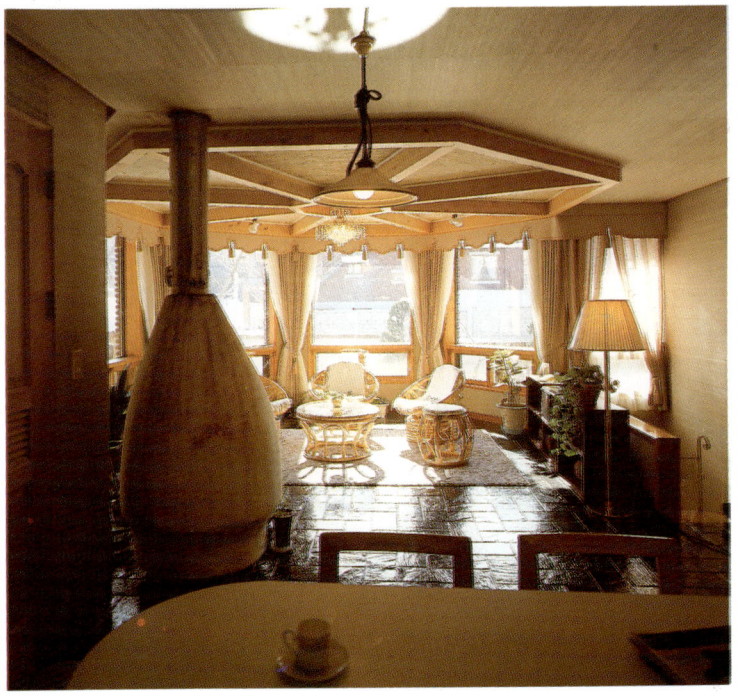

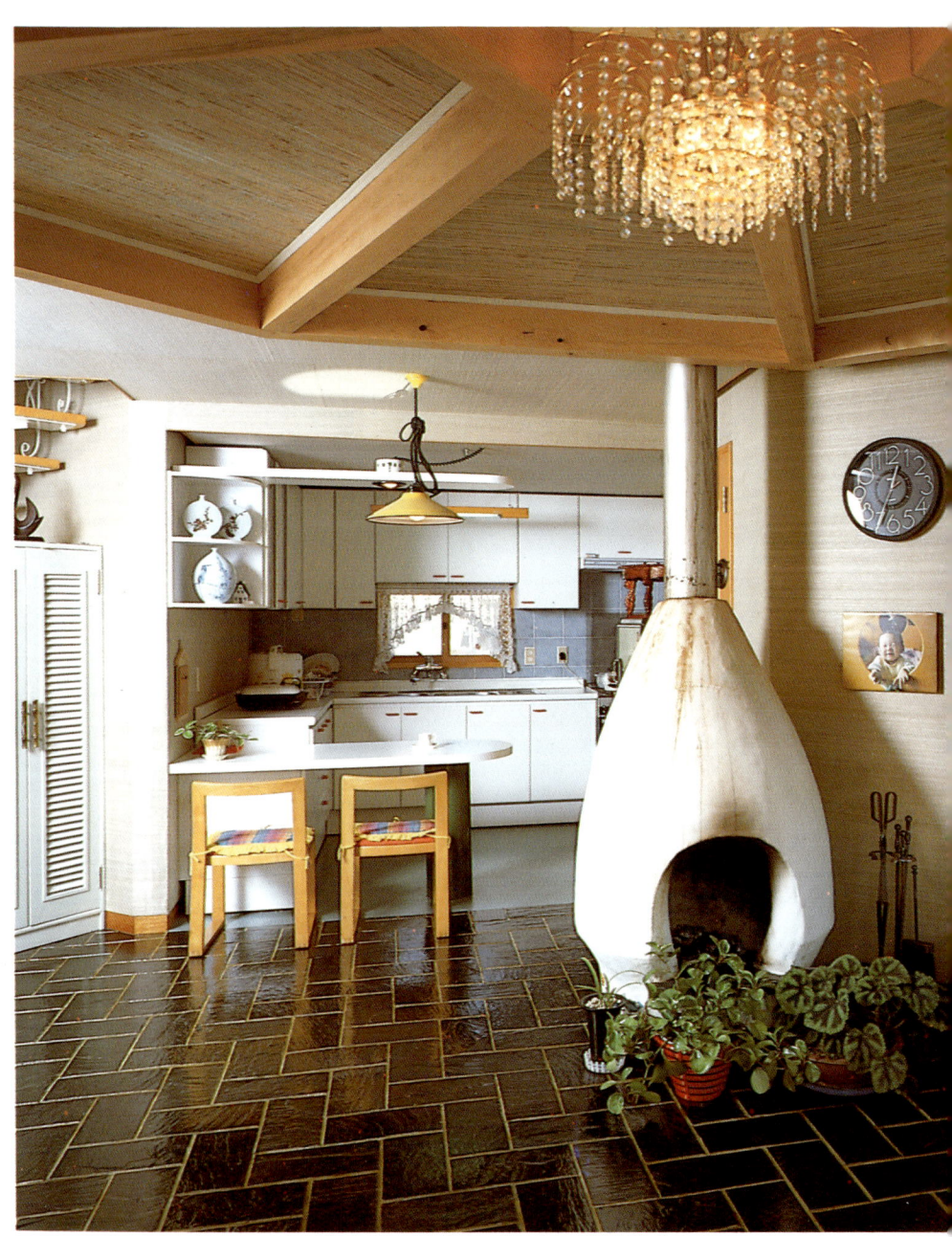

68 송광섭 씨 집의 거실

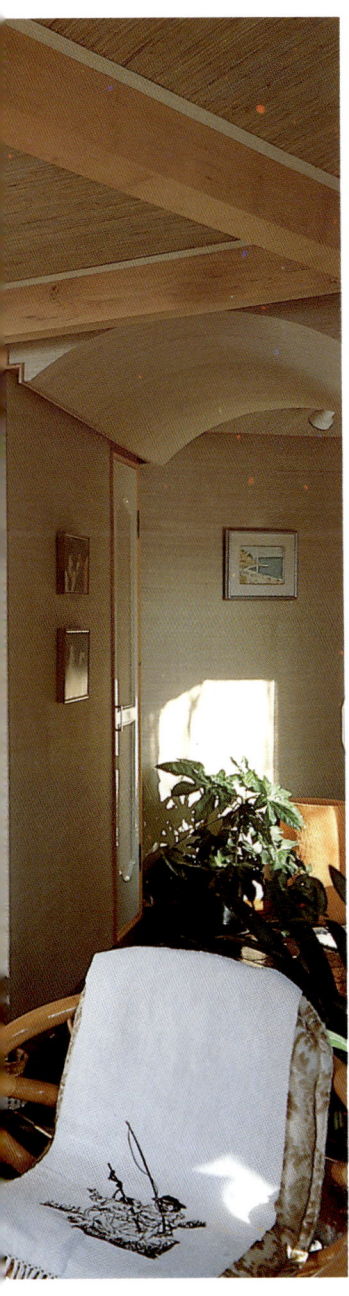

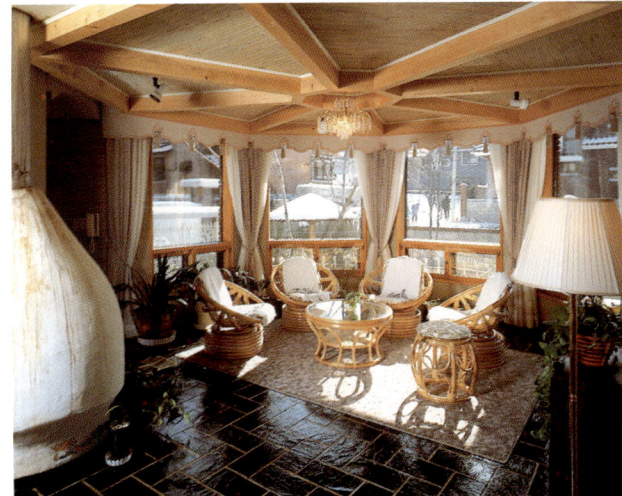

해가 북반구에 떠 있는 동안에는 제 코 앞에 붙들어 두겠다는 욕심이
분명히 드러나는 이 거실의 자랑은 단연코 그 풍부한 햇살이다. 이른
아침부터 저녁 늦게까지 햇살이 끊임없이 들어온다.(위)

가운데에 부엌이 보인다. 작은 공간이나 편리하고 요령있게 쓸 수 있게
해 놓았다. 주인이 손수 쌓은 거실의 벽난로가 예전에 흔했던 갈탄 난로
처럼 구수한 느낌을 준다. 왼쪽에 이층으로 오르는 층계가 있고, 오른쪽
에 현관에서 들어오는 복도와 다용도실이 보인다. 바닥엔 까만 칠을
한 옥천석을 깔았다.(왼쪽)

집 앞이 아직 빈 터인데 거기에 집이 들어서더라도 거실이 누리는 햇살에는 거의 에누리가 없게 송광섭 씨는 처음에 설계할 때부터 세심하게 주의를 기울였다고 했다. 이쯤 되니 태양열 주택이 따로 없겠다. 당장 온실을 삼아도 손색이 없어 보이는 이 거실에는 실제로 베고니아, 군자란, 문주란, 관음죽, 시소철, 석류, 느티나무 분재 같은 화초가 구석구석에 즐비하다. 그러나 볕도 조심할 것이 있다. 사람에 따라서는 여름철 오후에 서쪽에서 드는 볕을 이기기 힘들어 하는 이도 있다.

송광섭 씨의 아내는 남편이 지은 집에 불만이 적지 않다. 우선 이것저것 담아 둘 곁방이나 수납 공간이 모자람을 그는 아쉬워한다. 그는 거실 동쪽에 달린 다용도실도 세탁기보다는 일일이 손빨래하기를 즐기는 그에게는 너무 좁아서 불편하고, 부엌도 너무 작다고 생각한다. 송광섭 씨도 부인이 아직 이 집에 정을 붙이지 못하고 있는 듯하다고 생각한다. 거실에 놓인 등나무로 만든 응접 세트나 창문에 단 커튼이 거실에 안 어울림을 이 집 주인도 잘 안다. 아는 이가 싼 값에 주겠다고 졸랐고 그래서 막 집을 짓고 나서 돈이 아쉬운 참이라 울며 겨자먹기로 떠맡은 것들이니 형편이 더 피어나는 대로 점차로 새롭게 꾸밀 요량이다. 하기야 아쉽기가 어디 그뿐이냐. 애당초 품었던 집에 대한 설계가 제한된 경제 사정과 손끝이 무딘 시공자들 때문에 즉석 교정을 한 곳이 한두 군데가 아니어서 두고두고 아쉬움이 남는다고 한다.

학자 권중휘 씨 집의 거실

　세상이 점점 핵가족을 요구하는 방향으로 내닫는 것은 부정할 수 없지만, 전통적인 우리의 대가족—노부모를 장성한 아들 가운데에서 한 사람이 모시는 형태는 정확하게 말하면 대가족이 아니고 확대 가족이다.—시대에 맞게 담아낼 수 있는 슬기로운 주거 공간을 만들어 볼 만도 하지 않을까?

　아들 하나를 둔 권태목 씨 부부와 그의 아버지인 권중휘 씨 부부

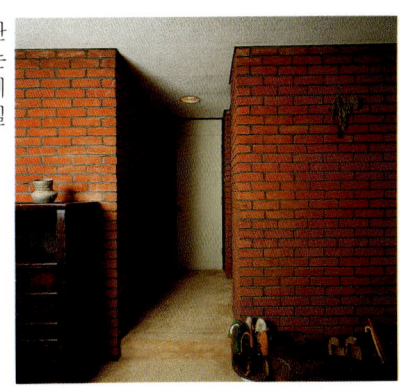

붉은 벽돌로 지은 단층 양옥집의 현관에서 권중휘 씨의 "영토"로 이어지는 골목. 사진에서 왼켠에 방이, 오른켠에 서재가 있고 앞에 보이는 것은 화장실이다.

해서 다섯 식구 두 세대가 함께 살도록 지어진 이 집은 대지가 백평에 건평이 쉰평인 붉은 벽돌의 단층 양옥집이다. 스무해 전에 집을 지을 때만 해도 서울에 양옥이 귀한 편이었고, 그것들이 대개는 모래 벽돌이나 블록으로 쌓고 시멘트로 발라 마무리한 집들이기가 쉬웠지 붉은 벽돌로 집을 짓는 일은 아주 드물었던 시절이다. 집의 속 내용만큼 외모도 꽤 "진보적"이었던 셈이다. 설계는 이름난 재미 건축가이자 팔팔 올림픽 타운을 설계하기도 한 우규승 씨가 대학을 갓 졸업하고 무명이지만 한창 패기가 만만하던 젊은 시절에 했다.

위에서 볼 때에 서쪽과 북쪽 담을 끼고 니은자 모양을 한 이 집은 현관이 독특하다. 여느 집과는 달리 현관을 거쳐서 곧바로 정원으로 나갈 수 있는데, 현관에 서면 양벽 사이로 소나무, 덩굴장미, 목련 들이 어우러진 모습이 대뜸 눈에 들어온다. 현관의 왼쪽에는 여섯평쯤 되는 거실이 있다. 거실 북쪽에는 곁방이 딸린 부엌이 있고 서쪽에는 목욕탕과 권태목 씨의 아들의 방이 있다. 그 남쪽 벽의 오른켠으로는 유리문을 통하는 뜰로 나갈 수 있고, 왼켠으로는 서너 걸음 길이의 복도를 통해서 권태목 씨 부부가 쓰는 다섯평쯤 되는 방으로 이어진다. 한편으로 현관 오른쪽에는 댓평짜리 방과 세평 남짓한 서재가 아주 작은 화장실을 사이에 끼고 서로 마주 보고 있는데, 이곳은 권중휘 씨의 "영토"이다.

겉으로는 양옥인 이 집이 방들은 "한옥적"인 점이 꽤 인상적이다. 방은 임자들이 꼭 필요하게 쓸 넓이만 알뜰하게 냈다. 운동장처럼 넓은 방에 길들여진 사람들에게는 이 "인간적인 스케일"이 비좁고 답답하게 생각될지도 모르겠으나 본디 전통적인 한옥은 방 넓이에 전혀 욕심이 없었다. 이 땅에 양옥이 수입된 뒤로 우리의 생활 감각에 어울리지 않는 과장된 치수를 아무런 고민없이 답습하여 오늘날까지도 당연하게 여기는 현실을 생각할 때에, 설계자가 치수를 새로 궁리해서 지은 이 방들의 소박한 규모가 흐뭇하다.

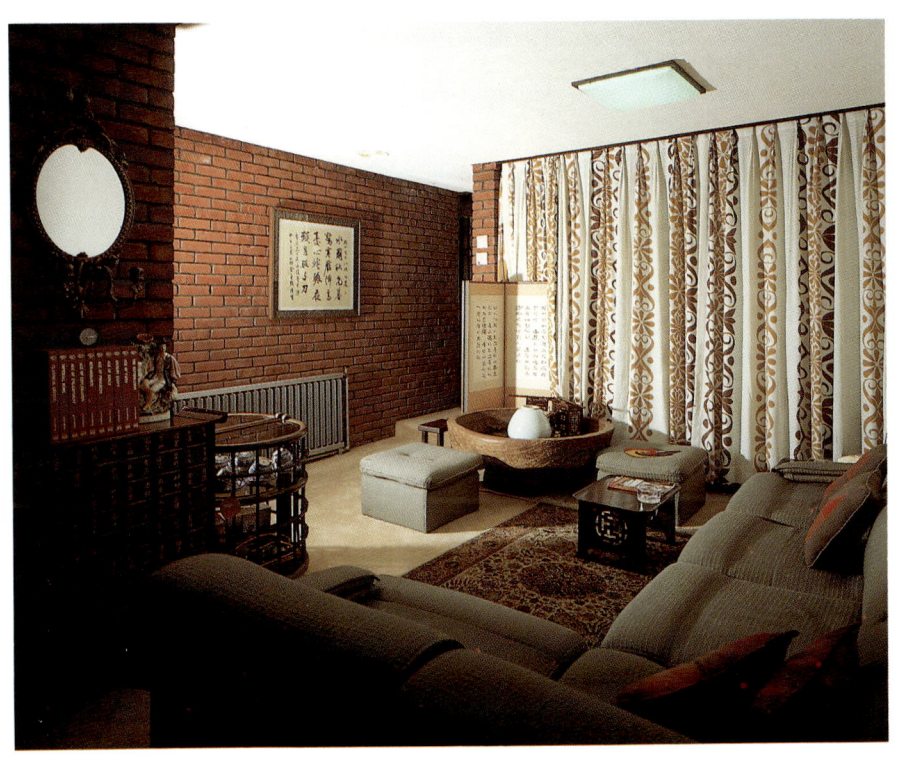

이 집의 공간은 연령과 생활 감각의 질이 서로 다른 두 세대를 한 울타리 안에 담고
있으면서 그들을 조화롭게 묶어 주고 떼어 주는 슬기가 볼 만한 곳이다. 커튼을 열면
뜰이 보이고 그 왼켠에 있는 골목 끝에 권태목 씨의 방이 있는 기실 풍경이다.

방마다 남쪽 벽에 창호지를 바른 장지문 같은 커다란 창문들이 달려 있다. 그래서 커튼을 따로 달지 않아도 좋은 이 방들은 방바닥에 앉아 한 팔을 걸치고 자연스럽게 바깥 뜰을 내다볼 수 있을 만큼 창턱이 낮다.

실내와 바깥의 땅 높이가 같은 것도 이 집의 독특한 점이라고 할 수 있다.

이 집은 뭐니뭐니 해도 기능적인 배려가 아주 치밀하게 되어 있는 편리한 집이다. 싱크대에 서서 움직이지 않고 손만 뻗쳐도 다른 필요한 물건을 손에 쥘 수가 있는 부엌에서도 그런 점을 엿볼 수 있지만, 마당이 따로 달린 거실 서쪽에 붙은 대학교 일학년인 권태목 씨의 아들의 방도 아주 재미있다. 앞에서 말한 그 넓은 창문을 열면 서너평쯤 되는 마당이 나타나는데 그가 어렸을 적에는 마음껏 뒹굴고 놀 수 있도록 모래를 깔고 그네를 걸어 두었었다고 한다.

현관을 경계로 해서 권태목 씨 부부와 아들이 거처하는 서쪽의 공간과 권중휘 씨가 쓰는 동쪽의 공간은 기능적으로나 구조적으로나 서로 반쯤 독립해 있다.

어느 방이거나 방문을 열어 놓아도 안이 들여다보이지 않으며, 이를테면 거실에서 텔리비젼을 아무리 크게 틀어 놓거나 손님들이 들이닥쳐 북적대고 소란을 피워도 권중휘 씨의 방에서는 크게 들리지가 않기 때문에 거실에 있는 사람들이 신경을 쓸 필요가 없다. 말하자면 윗사람과 아랫사람이 한 가정을 이루고 살 때에 걸리적거리고 부담을 느껴 신경 과민이 되고 결국 짜증으로 변해 버리는 요즈음의 집에서 흔히 벌어지기 쉬운 장면들이 이 집에서는 일어날 수가 없다. 거실의 일차적인 기능이 식구들이 모이는 곳이지만 이 집의 거실은 여느 집과 달리 한편으로는 권중휘 씨와 권태목 씨의 공간을 격리시켜 주는 역할을 한다는 점이 독특하다고 하겠다.

"젊은 사람이 좀 모양을 내려다" 비받이를 소홀히 한 것을 빼고는

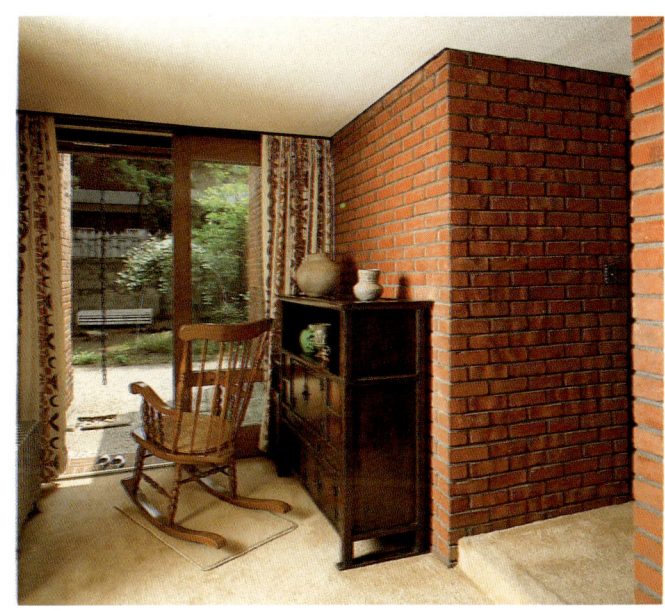

현관에서 뜰을 보았다. 소나무, 덩굴장미, 목련들이 어우러진 모습이 보이고 현관을 거쳐 곧바로 뜰에 나갈 수 있게 되어 있다. 오른켠에 권중휘 씨의 "영토"가 있다.

권중휘 씨는 기능적이고 마음이 편한 이 집을 썩 마음에 들어한다.

그러나 그와는 달리 다섯해 전에 죽은 그의 아내는 이 기능과 합리성을 으뜸으로 지은 집에 대한 의견이 좀 달랐다고 한다. 이를테면 부엌이 너무 좁다는 것이다. 집안에 무슨 잔치가 벌어졌다고 하자. 이때에 일가 친척들이 한데 모여 흥청거리게 되고, 여자들은 잔뜩 벌려 놓은 부엌에 둘러앉아 일을 하면서 서러운 얘기나 우스갯소리를 지어내는 재미가 있어야 하는 법이다. 그런데 이 "쓸모 있다"는 부엌은 그러기에는 너무 좁다. 거실도 그렇다. 처음부터 쓰임새를 "합리적"으로 붙박아 놓은 탓이다.

사실 방에 딸린 그 조그마한 마당도 임자가 거의 사용하지 않았다고 한다. 아무도 보아 주는 이 없이 그 격리된 공간에서는 "놀맛"이 안 났을 법도 하다. 마당에서 뛰노는 손자의 모습을 방이나 마루

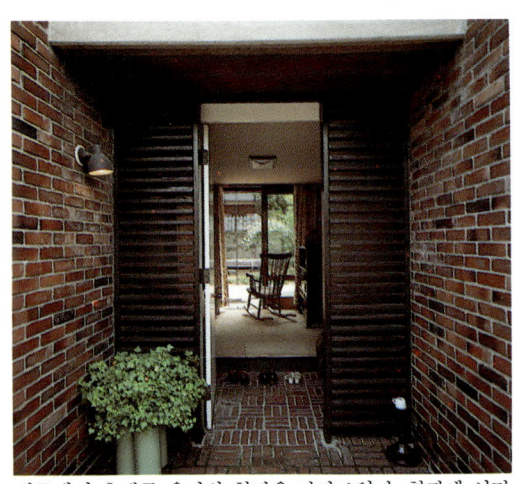
대문에서 층계를 올라와 현관을 바라보았다. 현관에 서면
양벽 사이로 나무들이 어우러진 모습이 보인다.

한쪽에 앉아 지켜보며 슬쩍슬쩍 간섭도 하는 것을 사는 재미로 여기
는 할머니에게 이 집의 "기능과 합리성"은 썩 마음에 들지만은 않았
던 것이다. 집의 구조도 그렇다. 방 안에 앉아서 큰 소리로 불러도
손자나 며느리가 제대로 듣기가 어려운 이 집의 구조를 권중휘 씨의
부인은 좀 섭섭해 하기도 했던 모양이다.

　권중휘 씨의 집은 사람마다 의견이 조금씩은 다를 수도 있을 것이
다. 합리적이고 기능적인 집이란 말 자체가 절대적인 기준을 따로
가지고 있는 것이 아니며 사람마다 제각기 색다른 생활 감각과 취향
을 지녔기 때문이겠다. 건평이 쉰평인 이 집을 같은 쉰평짜리 아파
트와 견주어 보자. 한 사람의 절대 주거 공간이 3.5평이라 하니 쉰평
이면 아주 넉넉한 공간이다. 그러나 연령과 생활 감각의 질이 다른
두 세대를 이 집처럼 적절히 묶어 주고 떼어내 주는 슬기로운 공간
을 참으로 보기가 어렵다. 요즈음의 집들이 눈여겨 배울 데가 많은
집이라 하겠다.

김영 씨 집의 거실

아파트의 문과 복도가 너무나 무뚝뚝하고 몰인정하다는 인상은 누구에게나 공통된 것일 게다. 아무리 기능과 실용을 위주로 하여 대량 생산된 공간이 아파트라지만, 적어도 인간의 삶을 담는 그릇이요, 문이 그 얼굴일진대, 어떤 식으로라도 "표정"을 입혀 볼 수는 없는 것일까? 훨씬 더 살 만한 곳이 될 터인데.

거실이 중심이 된 김영 씨의 아파트는 서쪽에 현관, 동쪽에 안방, 남쪽에 테라스, 북쪽에 부엌이 있는, 이 땅에서 흔히 보는 아파트들의 얼개를 대략 답습하고 있는 듯하지만 원래의 모습에 수정과 변경을 가한 부분이 적지 않다.

우선 지금은 서쪽 벽 모서리께, 테라스에 인접해서 나 있는 안방문이 애초에는 그 벽의 중간에 자리잡고 있었다. 문이 열려 있으면 거실에서건 현관에서건 좀더 내밀해야 할 그 처소가 환히 들여다보이는 것이 "재미없다"고 생각해서 자리를 옮긴 것이다. 게다가 그런 은폐 목적을 좀더 보완하려고 문 바로 오른쪽 옆 벽에다가는 네모난 기둥을 일부러 돌출시켜 놓았다. 현관에서는 그 기둥에 문이 완전히 가려져 있고 거실에서는 반쯤밖에 보이질 않는다.

안개꽃을 얹어 놓은 둥근 식탁이 간단하고 차분한 분위기를 느끼게 해 준다.
그 오른쪽에 부엌이 보인다. 본디 방이었던 것을 터서 부엌으로 만들었다.

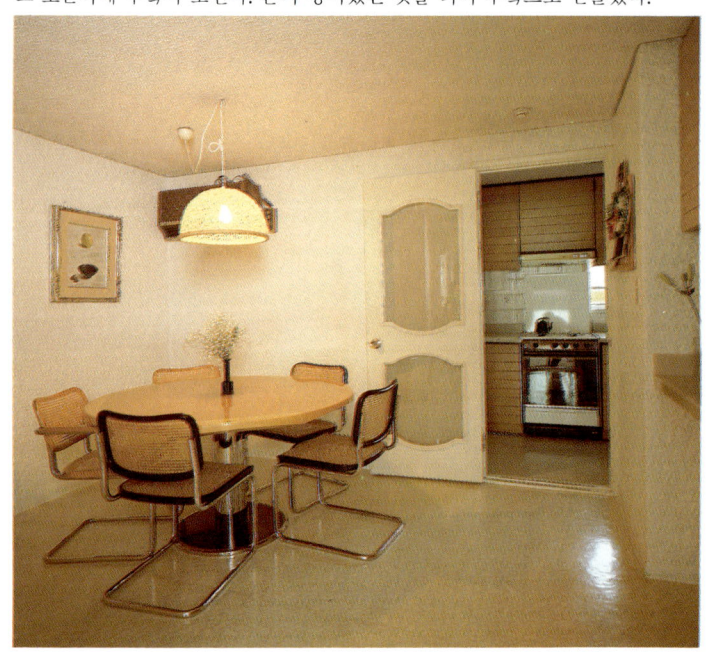

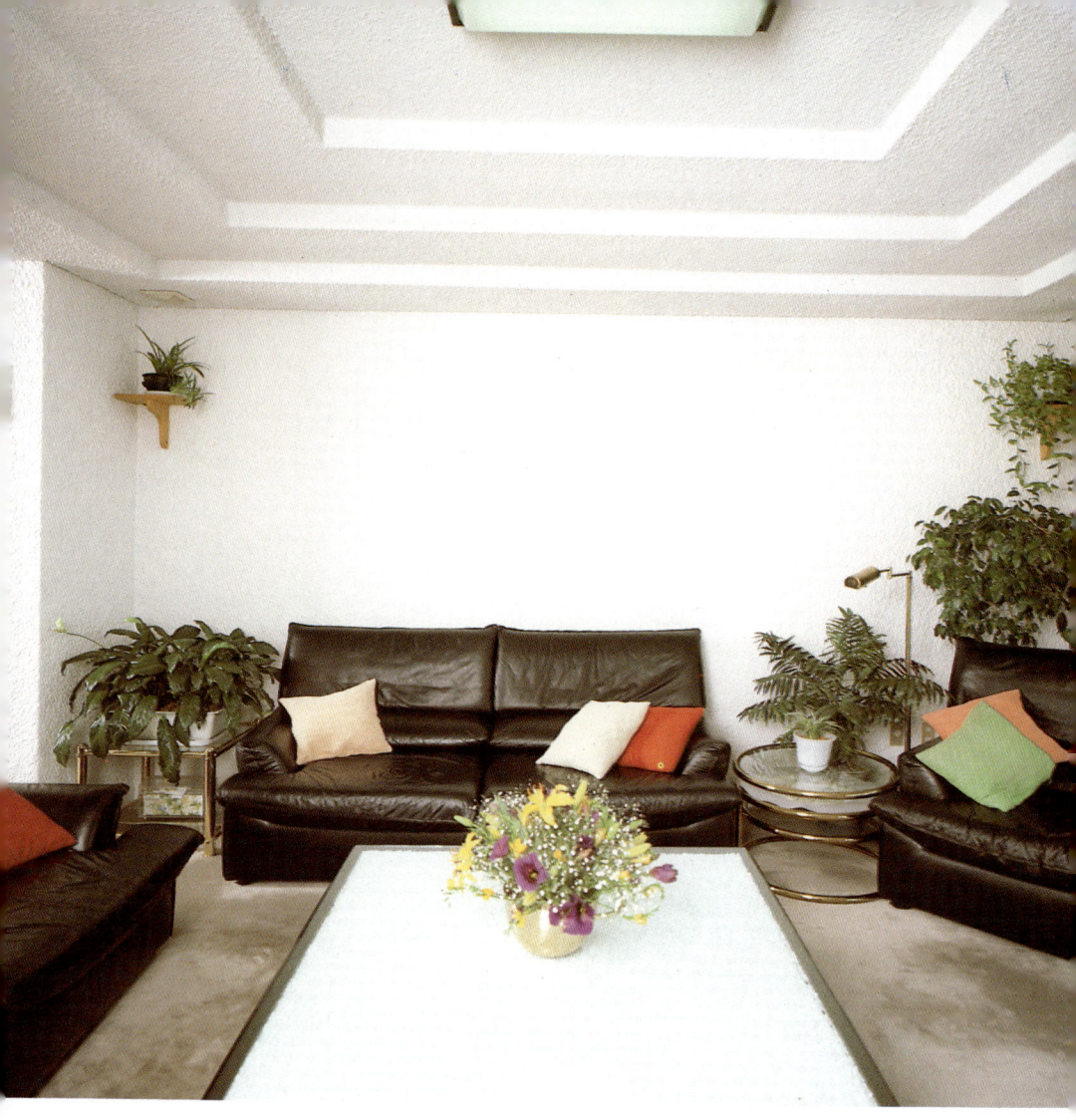

거실의 동쪽 벽. 이 거실은 흑백의 단순하고 대담한 대조로 빛깔 치레를 하고 있다. 벽과 천장을 모두 본타일 처리를 했고 세간들은 모두 검은 빛깔이다. 이 나라 살림 집의 진부한 빛깔의 채용에 눈이 익숙해진 이들에게는 좀 낯설게 느껴질지도 모른다. 천장의 모양이 이채롭다.

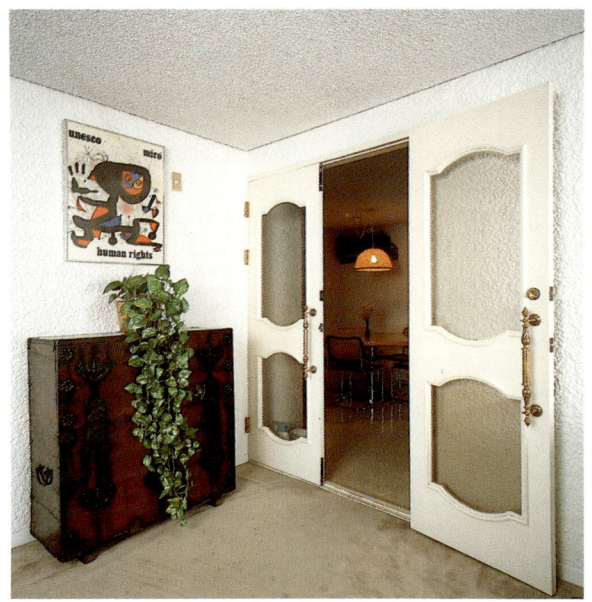

서쪽 벽의 오른쪽 모서리. 이층 장 위에 놋쇠 화분을 올려 놓았다. 그 위에 "휴먼 라이쯔(인권)"라는 글씨가 적힌 미로의 복사판 그림을 걸었다.

벽들은 본디 붙어 있던 벽지들을 떼어내고 본타일 처리를 했고, 길쭉한 나무를 경사지게 이어 만든 천장의 모양도 벽과 같은 재료를 써서 전면 개편을 하였으니 크고 작은 사각형을 층이 지게 포갠 형태인데 보통 살림집에서는 보기 드문 톡톡한 디자인이다.

식구는 넷이니 두 부부와 유아원에 다니는 세살짜리와 다섯살짜리 사내아이다. 이 거실에서 마음을 끄는 것은 전체적인 색조이다. 벽과 천장이 흰색이니 문들은 아주 옅은 베이지색이 가미된 흰색이며 바닥마다 밝은 회색이다. 그래서 거실에 앉아 있으면 흰 빛깔 속에 파묻혀 있는 듯한 착오까지 불러일으키는데, 한편으로 소파며 작은 장이며 몇 안 되는 작은 세간들은 반대로 거의가 까만 빛깔이다. 선명한 흑백의 대조가 이루어지고 있는 것이다.

테라스 쪽을 바라보았다. 커튼의 아랫도리가 좀 짧다. 한번 빨았더니 그렇게 줄어들었다. 오른쪽에 장미 그림이 보인다. 세간살이들이 대단히 간략하고 자잘한 장식들이 썩 배제된 차림이어서 넓고 깨끗해 보인다. 이 집 주인은 되도록 치우고 줄이는 이로서 "벽에서 벽까지 꽉 찬"이 나라의 흔한 집치레들이 너무 복잡하고 어지럽다고 생각한다.

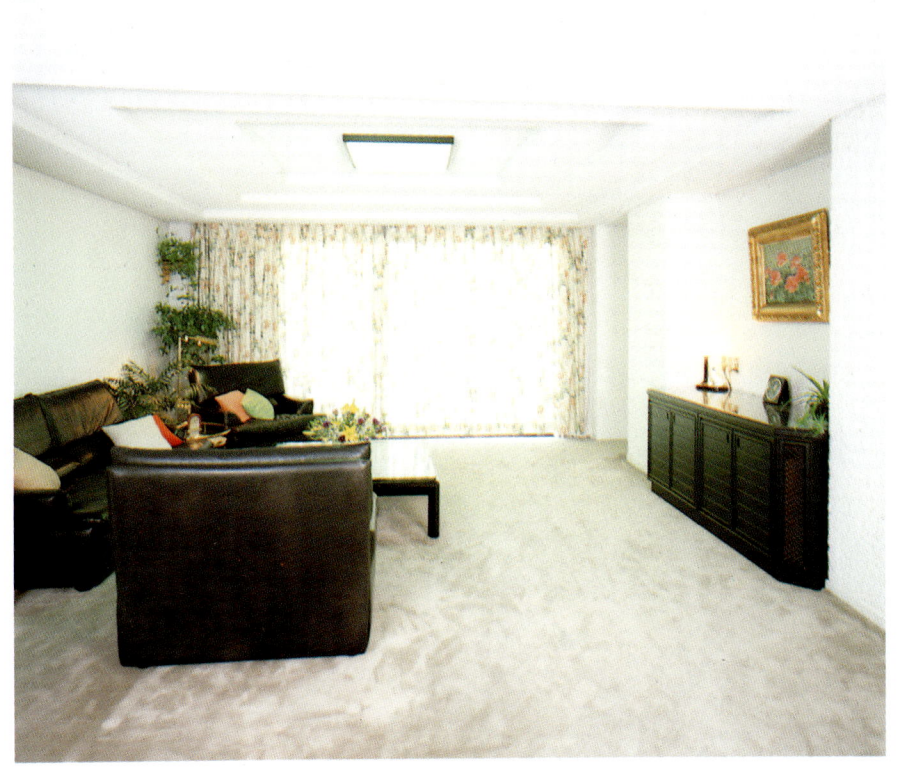

소파는 원래 밤색이었으나 그 헌 것에 가죽을 다시 입혀 검게 했으며, 앞에서 말했듯이 천장과 벽들도 그 대조의 효과를 염두에 두고 새로 칠한 것이다. 보통 살림집의 빛깔 치레에만 익숙한 이들에게 이 같은 무채색만의 단순하고 대담한 처리가 얼른은 낯설고 서먹서먹하다는 것이 이 집을 방문하는 손님들에 대한 주인의 관찰이다. 자칫하면 차갑고 무뚝뚝하게 느껴질 전체의 색조를 동쪽 벽에 놓인 열대 식물의 푸른 이파리들이 잘 녹여 주고 있다.

그러나 무엇보다도 이 거실에서 사람을 당황스럽게 하는 것은 너무나 간략한 세간살이들이다.

굳이 표가 나는 세간이라면 잠깐 외국 생활을 할 때에 샀던 아까 말한 그 소파와, 하얀 조각돌을 깔고 판유리를 덮은 소파에 앉으면 무릎까지도 올라오지 않는 탁자와, 서쪽 벽의 중간쯤을 점유하고 있는 어른 허리춤 높이의 까만 수납장뿐이다. 그 밖에 눈에 띄는 세간이 있다면, 시댁에서 물려받은 아담한 약장과 전통 장이 전부이다. 처음부터 아파트에 딸려 있던 커다란 장이 너무나 눈에 걸리적 거려서 치워 버리고 그 작은 장롱을 갖다 놓았던 것이다. 이처럼 이 집 주인은 되도록 치우고 간략하게 줄이는 것이 몸에 밴 사람으로서, 요즈음은 점점 더 단순한 차림으로 변해가는 추세이긴 하지만, 친구나 친척들의 아파트엘 자주 가서 보면 아직도 대개는 "벽에서 벽까지 꽉 찬" 이 나라의 집치레들이 너무 복잡하고 어지럽다고 생각하는 편이다.

벽도 거의 장식이 없다. 동쪽 벽에 시아버지가 준 장미 그림—거실의 분위기와는 전혀 걸맞지 않지만 주인은 준 이의 정성 때문에 다른 그림으로 바꾸라는 주위 사람들의 권고를 일축한다.—을 걸고, 서쪽 벽 양 모서리에 나무 판자를 붙여 달고 작은 화분을 올려 놓았을 뿐이다. 그는 장식적인 것을 별로 안 좋아한다. 그래서 이를 테면 본디 붙어 있던 모양이 요란한 샹들리에도 뜯어 버리고 정사각형의 형광등을 천장에 박았다.

거실을 그렇게 꾸민 것은 물론 취향과 안목 때문이었지만, 개구장이 두 아들을 키우기에 실용적인 면에 대한 고려도 크게 작용했다는 것이 주인의 설명이다. 하도 뛰고 부수고 다녀서 뭘 얌전히 놓아 둘 수가 없다는 것이다. 축을 중심으로 삼백육십도로 돌아갈 수 있는 유리원반이 위 아래로 세개가 달린 작고 아름다운 탁자도 그래서 소파 사이에 박혀 있다.

세간이 없고 앉을 자리가 넉넉해서 오후에는 이웃집 아이들의 "놀이터"가 되고 손님들도 자주 찾아오며 단골 반상회 자리가 된다고 한다. 아이들을 생각해서 깐 지금의 카펫을, 아이들이 적당히 자라면 빛깔이 "강력하고" 기하학적인 무늬가 섞인 부분 카펫 곧 "럭"으로 갈 작정이라고 한다.

배천범 씨 집의 거실

으레 그 집 주인의 성격이나 취향이 집의 구석구석에 드러나는 법이지만, 개성이 강한 집치레일수록 더욱더 그러하다. 앞으로는 한강이, 뒤로는 용산 일대가 내려다보이는 이촌동의 고층 아파트에 사는 배천범 씨는 "밝고, 시원하고, 명랑하게"라는 그의 꾸준한 희망 사항을 마침내 이룬 듯하다. 엘리베이터에서 나와 현관문을 열고 들어서는 순간에 예상 밖의 눈부심에 잠시 주춤하게 된다. 현관이 바로 거실과 연결되어 있어 좁은 통로를 지나지 않도록 설계된 구조 상의 이유도 있지만, 벽 한면을 거의 차지한 한판의 유리문과 흰 천장과 벽, 그리고 최소한으로 절제된 거실의 세간이 어우러져, 한정된 공간이 시각적으로나마 널찍하고 시원스럽게 느껴지도록 궁리되어 있기 때문이다.

지은 지 열해쯤이 지난 이 아파트를 선택할 때에 주위에선 반대 의견이 압도적이었으니 새로 입주할 수 있는 아파트도 많은데 구태여 오래된 곳을 찾을 필요가 없다거나 아무리 강이 내려다보이는 경치가 좋을지 몰라도 어찌 경치만 생각할 수 있느냐는 것 따위였다. 지극히 옳은 의견들이었지만 사방에 아무것도 막힌 것이 없이

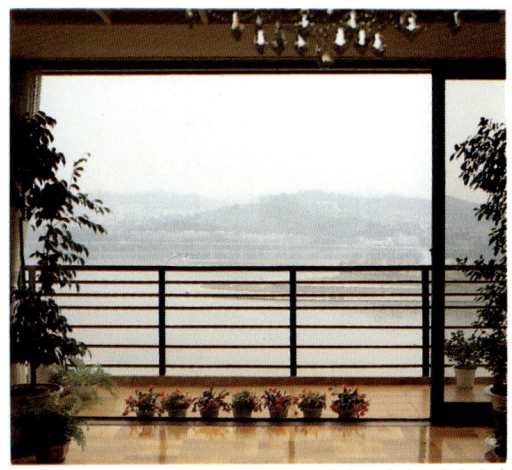

거실의 통유리문 너머로 한강이 내려다보인다. 베란다의
난간도 무늬가 간결한 것으로 바꾸었다.

앞뒤가 탁 트인 점이 밝고 시원한 것을 워낙 좋아하는 이 집 주인들
에겐 결정적인 매력이 되었다. 그리고 입주한 뒤에 이 방의 그러한
매력을 더욱더 살리려고 네짝으로 되어 있던 베란다로 향한 유리문
을 한짝만 남기고는 통유리로 해 버렸고, 베란다의 난간도 복잡스런
격자 무늬가 모처럼의 시원히 트인 한강 경치를 방해하는 듯해서
간결한 것으로 바꾸었다. 복잡한 것은 딱 질색이라 라지에터 위의
진열장과 선반은 모두 떼어냈고 천장과 벽, 문 들은 흰색으로 다시
칠했는데 깨끗해서 좋긴 하지만 너무나 차가운 분위기가 되겠다
싶어 좀 상아색 계열에 드는 흰색을 택했다.

　그러다보니 집을 꾸미는 일에서도 자연히 흰색과 더불어 투명한
자재를 많이 쓰게 되었다. 통유리문말고도 거실의 세간에는 유리
제품이 눈에 드러나지는 않으면서도 꽤 많이 자리잡고 있다. 거실
가운데의 유리 탁자는 테라리움용의 팔각형 유리 화분에 원형 유리
판을 올려 놓은 것이다. 그 밖에도 라지에터 위의 담쟁이덩굴 화분

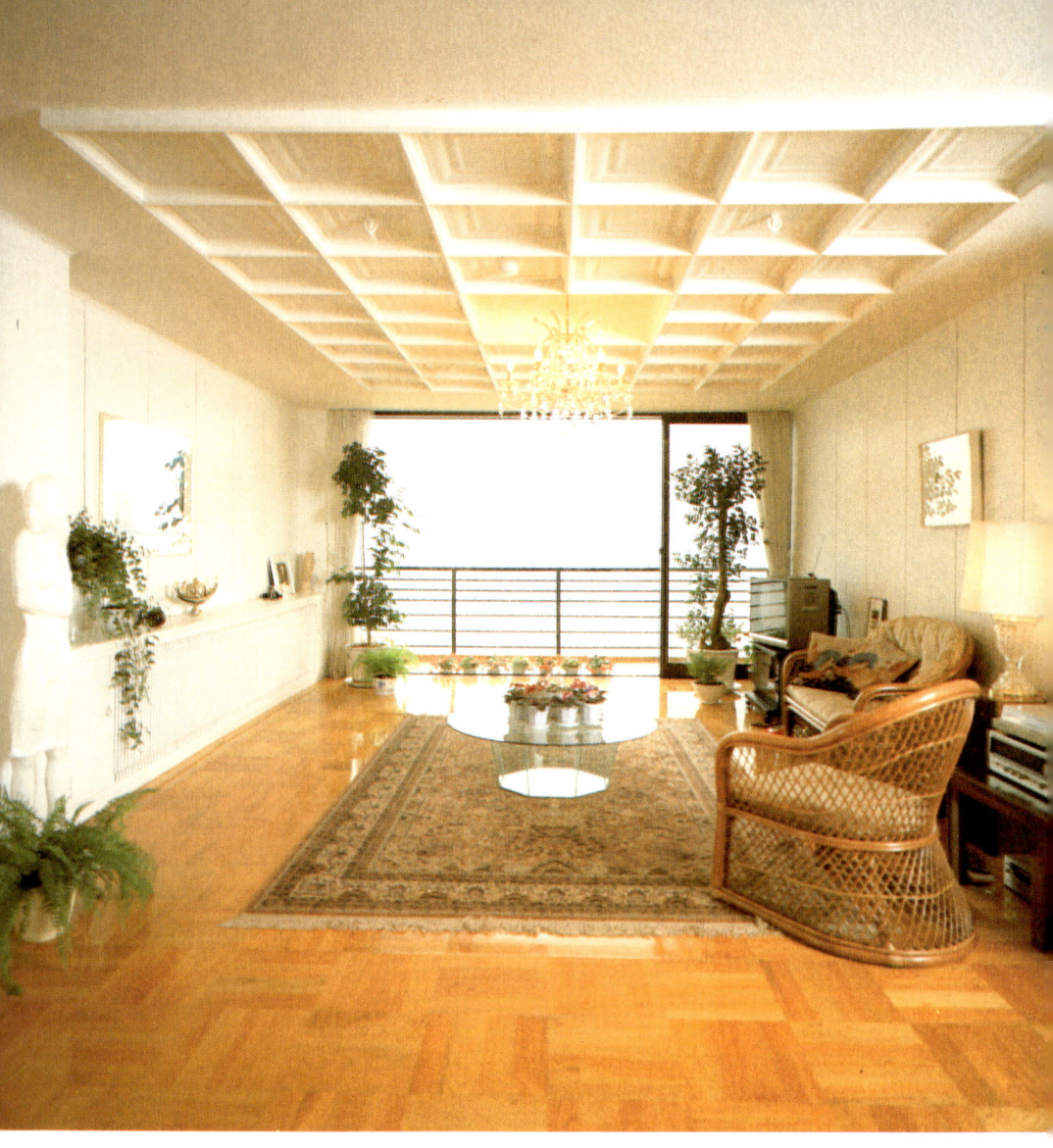

거실 전경. 현관문을 열고 들어서는 순간에 예상 밖의 눈부심에 잠시 주춤하게 된
다. 벽 한면을 거의 차지한 한판의 유리문과 흰 천장과 벽, 그리고 최소한으로 절제된
거실의 세간이 어우러져, 한정된 공간이 시각적으로나마 널찍하고 시원스럽게 느껴지
도록 궁리되어 있기 때문이다.

86 배천범 씨 집의 거실

을 받쳐 놓은 큰 원통형의 유리 화병이며 샹들리에와 램프의 크리스탈 들이 조용히 반짝인다. 거실에서 침실로 들어가는 통로의 막다른 벽면은 전체를 거울로 하여 거실을 넓어 보이게 하는 데에 단단히 한몫하고 있다. 너무 차고 썰렁하게 느껴질까 싶어 거울 벽면 앞 한 모퉁이에 큼직한 항아리를 놓고 늘 꽃을 한아름 꽂아 놓는다.

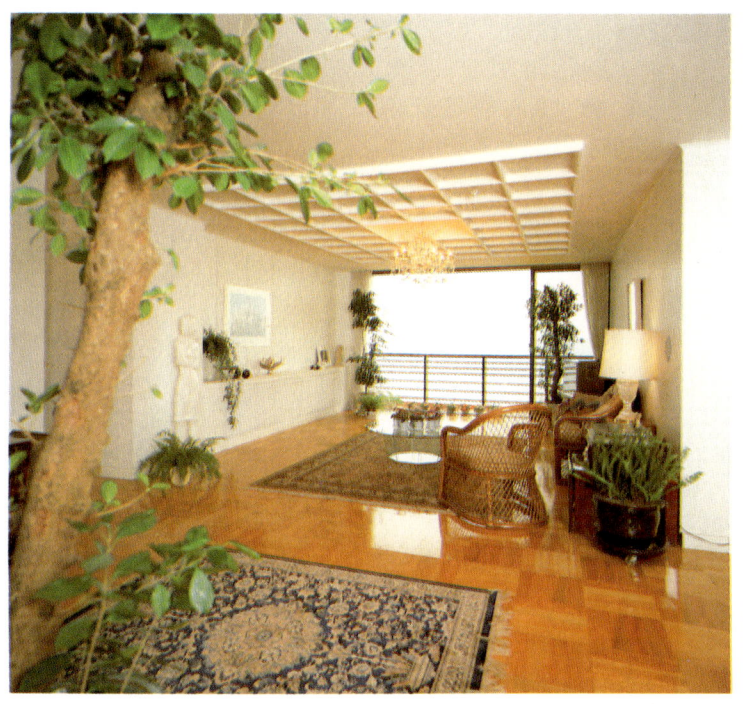

거실과 베란다를 장식하고 있는 화초들이 다소 많은 듯하면서도 상당히 차가울 뻔했던 이 집의 분위기를 마치 따뜻한 온실처럼 느끼게 해 준다.

깨끗한 것을 좋아하는 집 주인이 후배 조각가에게 받은 미완성
작품인 나무 여인상에 직접 흰 페인트 칠을 하여 완성시킨 큼직
한 조각이 작고 적은 거실 세간들에서 우두머리인 것처럼 눈길
을 끈다.

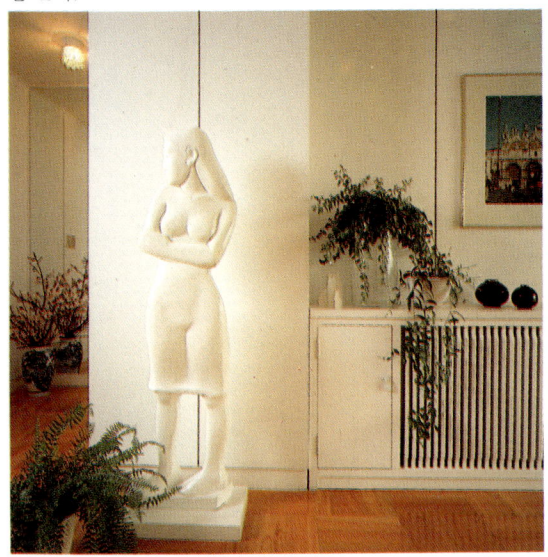

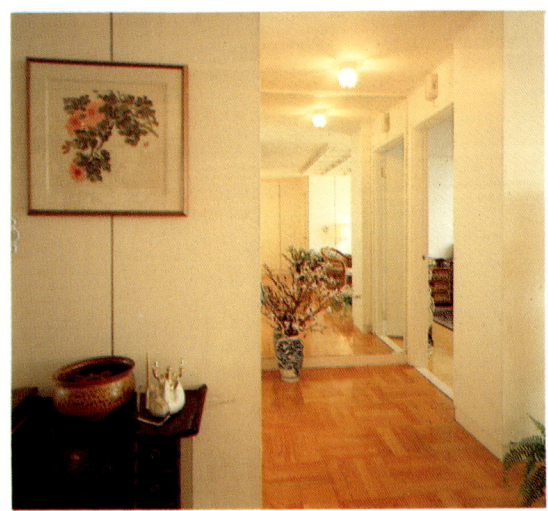

거울 벽면 앞 한 모퉁이에 꽃이 한아름 꽂힌 항아리가 보인다.

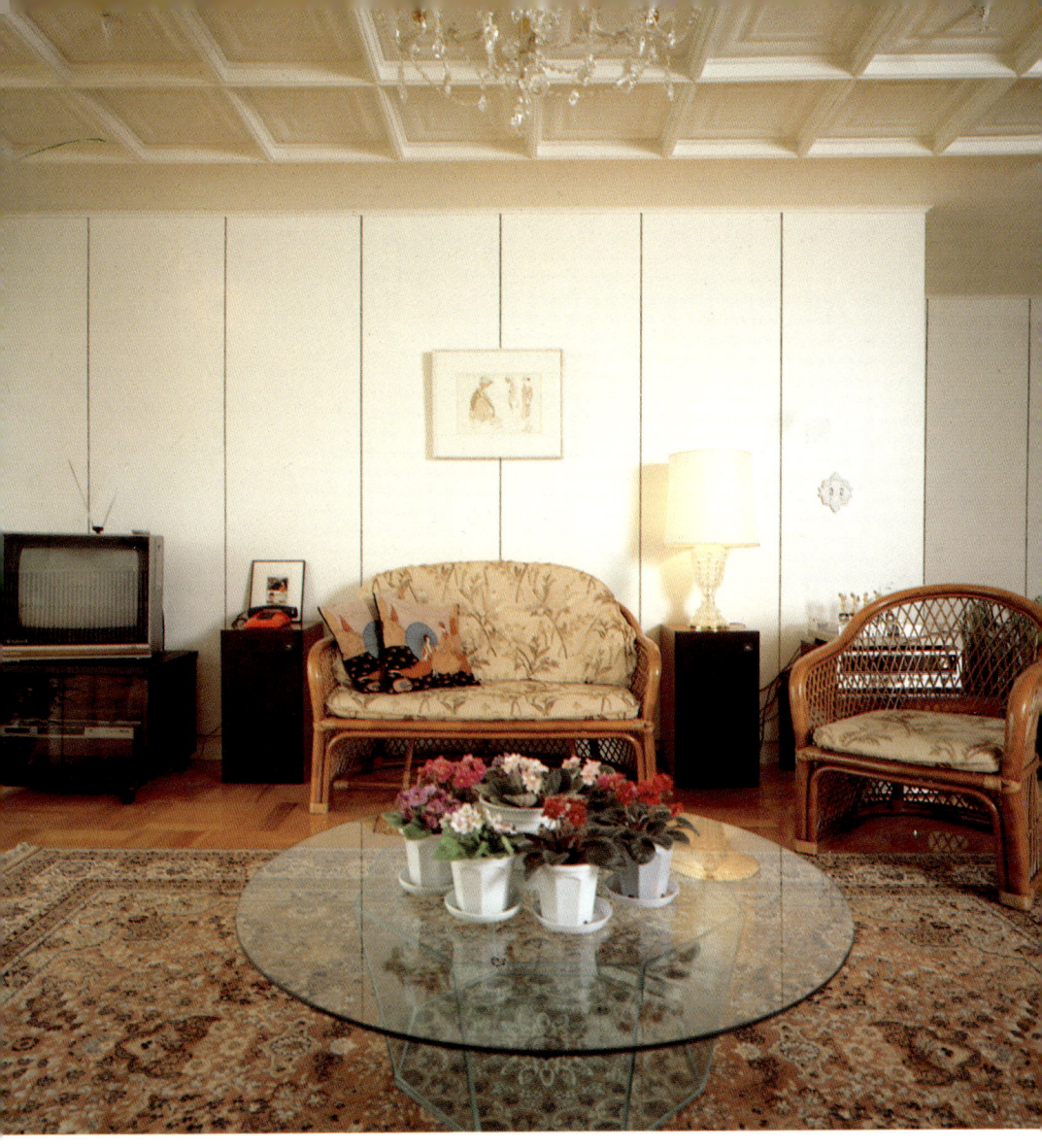

거실의 세간에는 유리 제품이 눈에 드러나지는 않으면서도 꽤 많이 자리잡고 있다. 거실 가운데의 유리 탁자는 테라리움용의 팔각형 유리 화분에 원형 유리판을 올려 놓은 것이다.

간결하고 깨끗이 하다 보면 자칫 차갑고 정답지 못한 분위기가 돼버리기 쉬워 꽤 신경을 썼다. 흰색 페인트를 배합할 때도 포근한 흰색을 내느라 애를 먹었고, 금속 자재로 된 것들, 이를테면 문고리나 손잡이, 샹들리에의 부속품, 액자 따위에 이르기까지를 찬 느낌을 더해 주는 스테인레스를 피하고 금색의 것 곧 놋쇠로 통일하느라이만 저만 찾아 돌아다닌 게 아니다. 그러나 무엇보다도 거실과 베란다를 장식하고 있는 화초들이 다소 많은 듯하면서도 상당히 차질 뻔했던 이 집의 분위기를 마치 따뜻한 온실처럼 느끼게 해 준다.

손님들에게, 특히 처음으로 오는 이나 어른들께 아무리 두툼한 방석을 내놓는다 하더라도 바닥에 앉으라고 권하기가 뭐해 자그마한 등나무 소파와 의자를 하나 놓아 두긴 했지만, 공연히 그야말로 응접 세트에 앉아 응접을 한다는 것이 어색하고 불편해, 대개는 둥그런 유리 탁자 주위에 편한 대로 주저앉는다.

거실의 장식품으로는 밀라노 유학 시절의 추억이 담긴 자그마한 기념품들—베니스의 곤돌라나 피사의 사탑 같은—이 고작이지만 흰 벽을 배경으로 하고 있어 몇개 안 되는 조그마한 장식품들이 무척 돋보인다. 후배 조각가의 미완성 작품인 나무 여인상에 직접 흰 페인트 칠을 하여 완성시킨 큼직한 조각이 거실 세간의 우두머리인 것처럼 눈길을 끈다. 벽의 장식이라곤 화가인 친구의 수채화와 배 교수가 손수 찍은 부인의 기념 사진이 전부다.

누가 보아도 충분할 만큼 희고 깨끗하고 투명한 집인데도 배 교수에게는 아직 모자라는 모양이다. "아늑한 맛이 좀 부족하긴 하겠지만 깨끗하고 밝고 맑은 것이 훨씬 더 명랑하고 정신 건강에 좋지 않을까요?" 그의 말이다.

이강희 씨 집의 거실

　이강희 씨의 네 식구가 사는 아파트를 별다른 사전 지식 없이 방문한 이들은 "정신이 번쩍 드는 것 같다"는 얘기들을 곧잘 한다고 한다. 설령 집 주인한테 "우리 집에는 아무것도 없다"고 예고를 듣고 온 이라 해도 놀라기는 매한가지다.

　"워낙이 자질구레한 물건들을 늘어놓은 것을 싫어하는 데다가 남편의 직장 관계로 지방에서 몇해 살다 보니, 임시 살림이라는 생각에서 자연히 살림도 간단히 꾸려 왔고 될 수 있는 대로 세간을 늘리지 않으려고 맘먹는 탓도 있습니다. 서울로 올라오면서도 거의 몸만 오다시피 했지요"라고 이강희 씨는 처음 오는 방문객에게 대강의 "상황"을 설명해 주면서 "진정"시킨다.

　거실의 세간을 둘러 보면 과연 그렇다. 덩지가 큰 것으로는 응접 세트와 보조 세트의 구실을 하는 의자와 탁자가 고작이다. 모두가 열해 넘게 인연을 맺은 물건들로서, 소파는 두어번쯤 천을 갈았고 탁자는 손을 조금 보긴 했지만 별 탈이 없다면 앞으로도 내내 제구실을 할 세간들이다.

　"오래 두고 쓸 수 있는 세간이란 무엇보다도 단단하게 잘 만들어진 것이어야 하고 또 너무나 현대적이라든가 작품성이 강해서 금방 싫증이 나고 유행을 타는 물건이 아니어야 하겠지요. 사람마다 차이야 있겠지만 저의 경우는, 단순하면서도 고전적인 느낌을 주는 가구가 유행과도 별 상관이 없고 집안 분위기도 포근하게 해 주기 때문에 좋아하지요."

의자나 탁자말고 장식용의 세간이라고는 벽에 걸린 그림밖에 없다. 사실 이 거실은 그림을 위해서, 또 그림이 주인공이 되도록 꾸며진 듯한 인상을 주는데, 집 주인이 뜻한 바도 바로 그것이었던 모양이다.

"거실을 꾸밀 때에 될 수 있으면 그림이 돋보이도록 배려했습니다. 그러자니 배경이 단순해야 됐었고, 그래서 벽의 색을 자연히 흰색으로 하게 되었지요. 바닥도 벽의 색에 맞추어 흰색 계열의 타일을 깔았는데, 대리석 분위기를 내면서도 대리석의 매끈한

그림이 주인공이 되도록 꾸민 이 거실은 차라리 화랑의 한 모퉁이 같은 느낌이 든다.

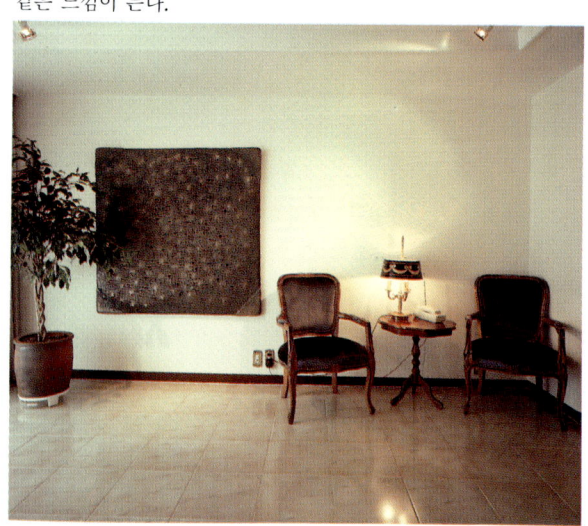

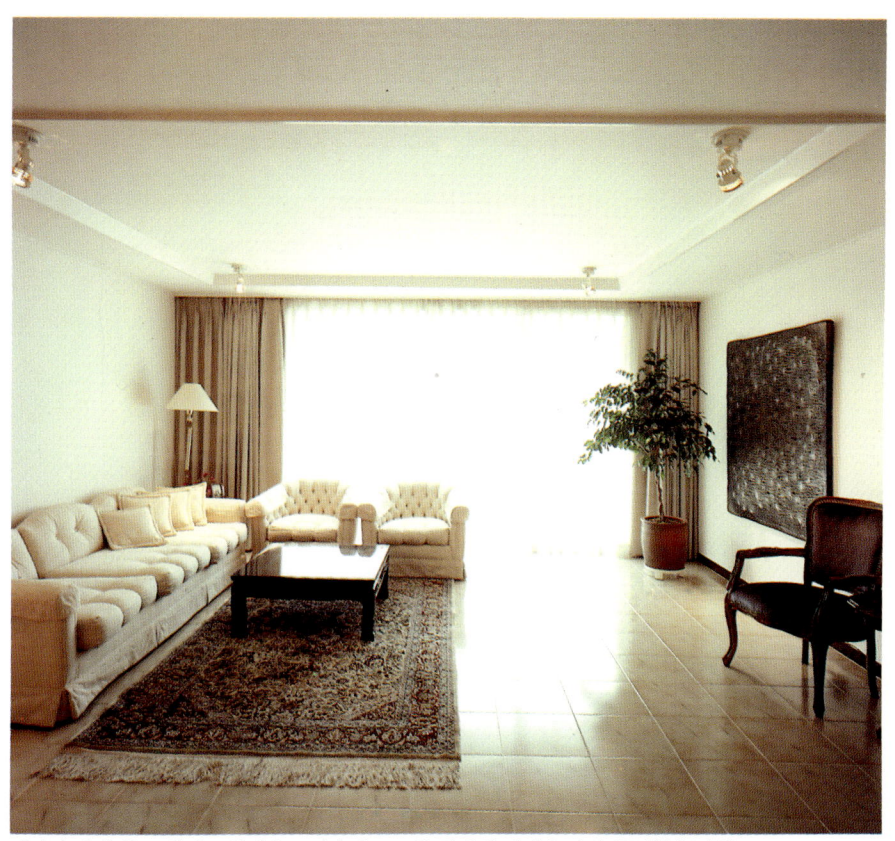

세간이 많지 않고 벽지도 흰색으로 단순하므로 좀 화려한 카펫을 깔아 "균형"을 맞췄다. 바닥은 벽의 색에 맞추어 흰색 계열의 타일을 깔았다. 대리석의 분위기를 내면서도 값은 훨씬 싸고 또 감촉도 더 부드럽다.

질감과는 달리 부드럽게 어른거리는 감촉이 값비싼 대리석보다
더 나은 듯싶어요. 또 그림에 초점을 맞추다 보니, 조명 기구도
가정용이라기보다는 화랑에 더 잘 맞을 성싶은 것을 설치하게
되었지만 직접 조명으로 천장 한가운데서 내리 비추는 것보다
그림도 살려가면서 방 전체를 은은한 빛으로 밝혀 주어 거실의
분위기를 부드럽게 해 주니 여러모로 더 나은 것 같아요."

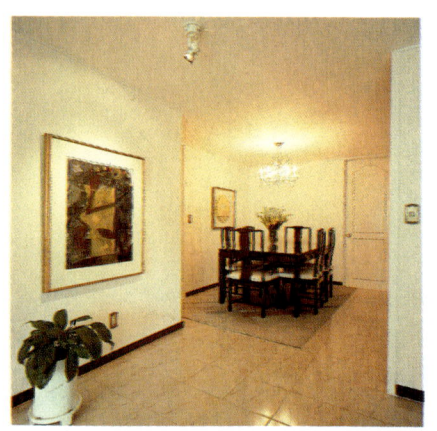

그림이라는 한 가지를 "주역"으로 정하고 그 밖의 것들은 "들러리"로서의 구실로 물러나게 함으로써 간결하면서도 개성이 강한 공간을 이루고 있다.

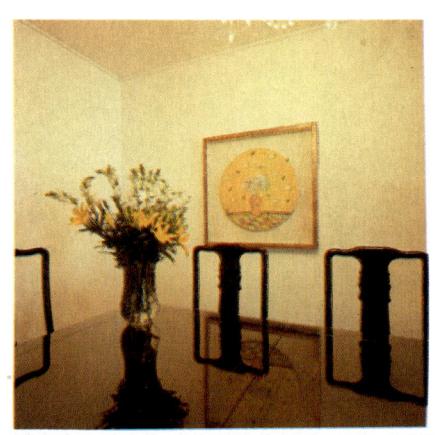

단순하고 깔끔한 것만 염두에 두다 보니 가정의 포근한 분위기를 잃을 염려도 있었다. 그래서 거실의 어느 한 곳만큼은 "살아 있는" 꽃을 놓았다.

　　단순하고 깔끔한 것만 찾다 보니 아무래도 차갑고 그야말로 화랑이나 사무실 같은 느낌이 들기도 했지만 그렇다고 해서 일부러 "사람 사는 냄새"를 풍기도록 이것저것 늘어놓는다는 것도 내키지 않았다고 한다. 실제로 최소한의 세간을 가지고 전체적인 흐름이 간결하면서도 될 수 있는 대로 포근한 가정다운 분위기를 내기란 쉽지가 않은 일일 것이다. 그런 문제를 해결하고자 이강희 씨는 자기 나름의 몇 가지 요령을 세웠다. 먼저 세간의 수효는 줄이되, 낱낱의 물건은 디자인이 간결하면서도 보아도 부담이 안 가는 조형이나 소재의 것들로만 골랐다. 또 현대 감각이 강한 것들이나 금속이나 유리를 재료로 한 것들은 아무래도 차가운 느낌을 주기 쉬우므로 피했고, 소파도 가죽 대신 헝겊을 씌운 것으로 했다. 소파의 천은 우윳빛에다 바탕색과 비슷한 색의 꽃무늬가 들어 있는 것으로서 무늬가 또렷이 드러나지는 않았지만 "꽃"이라는 도안으로 해서 한결 분위기를 부드럽게 해 준다. 세간이 많지 않고 거실의 벽지도 흰색으로 단순하므로 카펫만큼은 다소 화려한 느낌의 것을 깔았다고 한다.

그래서인지 이강희 씨의 거실에서 이뤄지는 화제는 자연히 그림에 관한 것이 된다고 한다. 그뿐만 아니라 이강희 씨네 집에 놀러왔다가 그림에 관심을 갖게 된 친구들도 있고, 또 그림에 관한 의문이 있으면 묻고자 오는 사람도 있을 만큼 집 안에서나 집 밖에서나 이젠 이강희 씨와 그림이란 아예 한몸이 되어 버린 셈이다.

"지방에서 돌아다니다가 서울에 자리잡아 모처럼 원하던 대로 꾸민다고는 했습니다만, 앞으로 살아 보면서 좀더 생각해 보고 고쳐야 할 부분도 많습니다. 하지만 그림말고는 다른 세간이 늘 것 같지가 않군요"라며 이강희 씨는 그래서 스스로를 평하여 "못 말리는 사람"이라면서 웃는다.

화랑에서 봄 직한 조명등을 설치하여 그림이 "살도록" 했다. 이러한
실내 장식에는 화랑을 하는 그의 언니의 도움이 컸다.

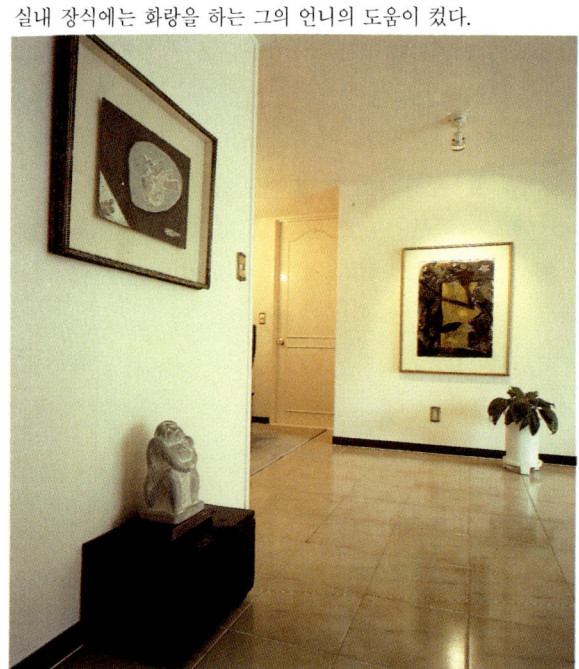

박서원 씨 집의 거실

    평범한 듯하면서도 은근히 개성이 강한 색의 배합이 흑백의 배합이다. 의상 쪽을 두고 보더라도, 흑백의 배합으로 이루어진 옷은 강렬하고 화려한 색상의 옷들 틈에서도 눈에 확 드러나기가 쉽다.

    박서원 씨는 방배동의 연립 주택으로 이사 오자 집안을, 특히 한 집의 얼굴 격인 거실을 어떻게 꾸며 볼까 이리 저리 궁리한 끝에 흑백의 대비를 토대로 하여 현대 감각이 물씬 느껴지는 분위기를 내보기로 했다. 다행히 집안의 천장과 벽이 모두 흰색 벽지로 도배가 되어 있어 기본은 갖추어져 있는 셈이었다.

    우선 거실 세간에서 가장 기본적인 것이랄 수 있는 응접 세트는 먼저 쓰던 자주색 천의 의자들을 검은 가죽으로 천갈이를 했다. 그리고 나서 마침 가구점을 돌아다니다 발판이 따로 달린 검은색 의자를 하나 발견하여 샀다. 문제는 식탁 가구였다.

    디자인이 현대적이면서 단순한 멋을 살린 것들이 거의 없었다. 하는 수 없이 식탁 세트와 식당의 찬장, 그리고 하는 김에 거실의 보조 의자까지를 실내 장식 잡지를 보면서 마음에 드는 디자인의 것을 골라 전문가와 의논해 맞추었다.

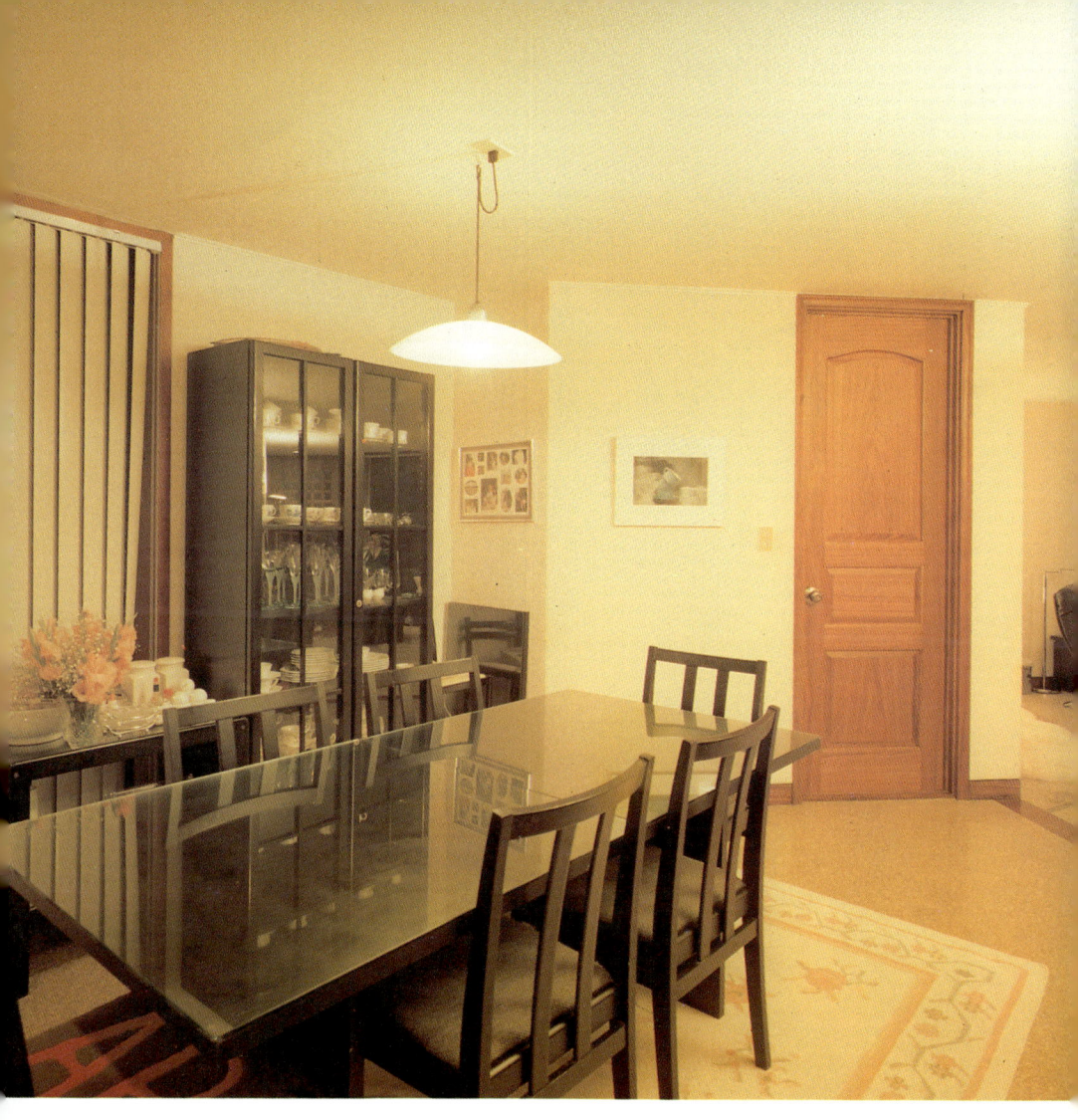

식탁 세트와 식당의 찬장은 실내 장식 잡지를 보면서 마음에 드는 디자인의 것을
골라 전문가와 의논해서 맞추었다. 실용적이긴 하나 좀 품위가 없어 보이는 듯한
비닐 바닥이 마음에 걸려 연한 색 꽃무늬의 카펫으로 살짝 가렸다.

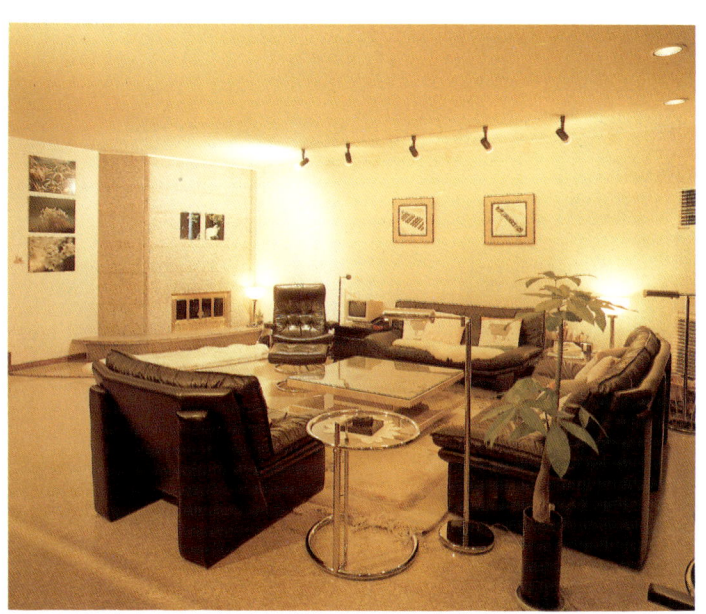

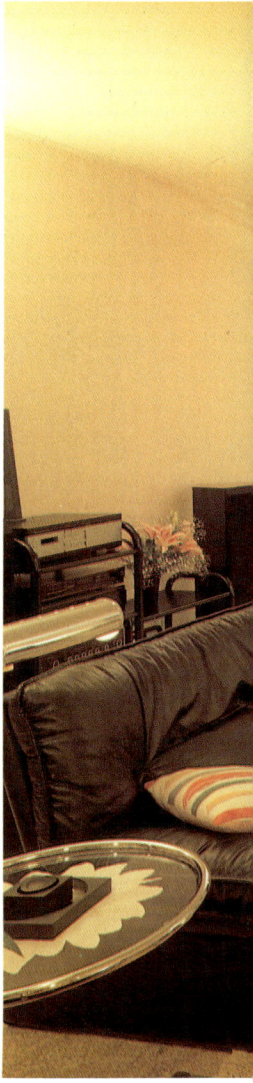

집 주인은 이사 오자마자 이리 저리 궁리 끝에 집의 얼굴 격인 거실을 흑백의 대비를 토대로 하여 될 수 있는 대로 단순하면서도 현대 감각이 물씬 느껴지는 분위기로 꾸몄다.(위)

업자들이 입에 침이 마르게 권하는 크리스탈 샹들리에를 제쳐 두고 굳이 간접 조명식 등을 달았다. 바깥주인의 사진 작품으로 간소하게 꾸민 벽치장을 비추는, 천장에 레일을 붙여서 단 스포트 라이트가 인상적이다.(오른쪽)

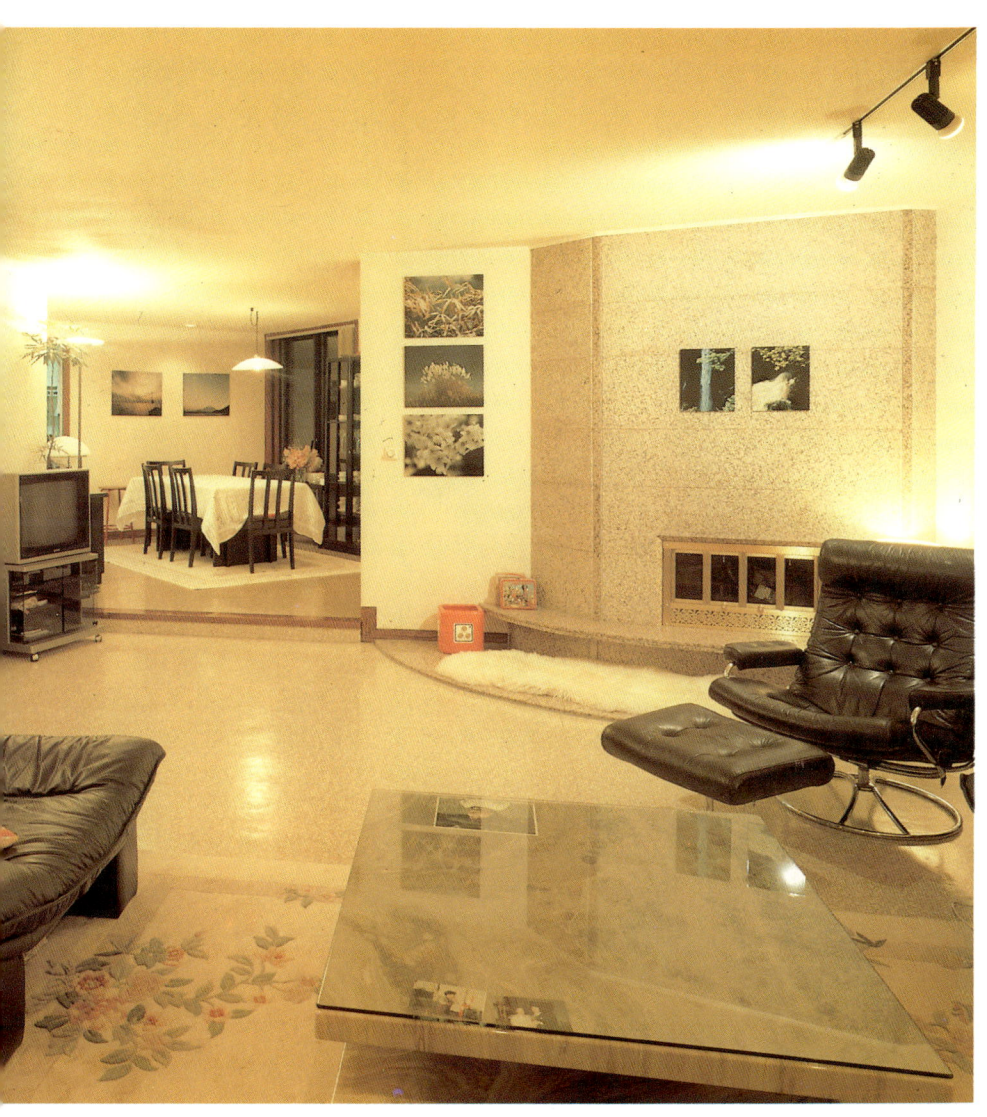

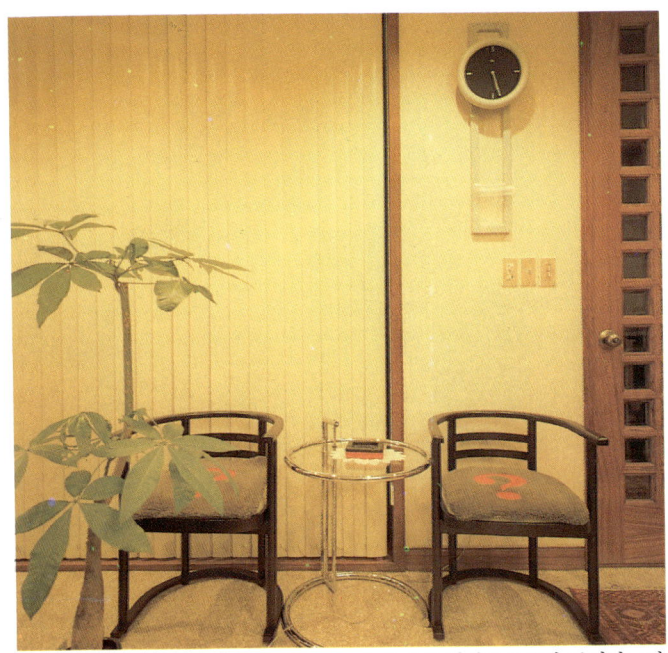

흑백의 지나친 대비에서 오는 단조로움과 차가운 인상으로부터 벗어나고자
방석이나 재떨이 같은 소품들로 군데군데 빨간색 액센트를 두었다.

실용적이고 위생적이긴 하나 좀 품위가 없어 보이는 듯한 비닐
바닥이 마음에 걸려, 거실과 식당 전체에 흑백과 어울리는 색의
카펫을 깔아 버릴까도 싶었으나 부분적으로 깔아 놓은 카펫은 한여
름에는 걷어 놓고 지낼 수도 있지만 바닥 전체에 깔아 놓은 카펫은
더운 여름에는 여간 짜증스런 존재가 아니다. 여러 생각 끝에 식탁
세트와 응접 세트 밑에만 연한 색 꽃무늬의 카펫을 깔았다.

이 거실에는 샹들리에가 없다. 거실용 전등을 찾으려고 웬만한
조명 기구 가게는 다 돌아다녀 보았지만 박서원 씨가 바라는 간결한
현대적 감각의 거실에 맞는 전등을 도대체 구할 수가 없었다. 그러
니 마음에 드는 전등도 없고, 또 분위기도 괜찮을 성싶어 간접 조명

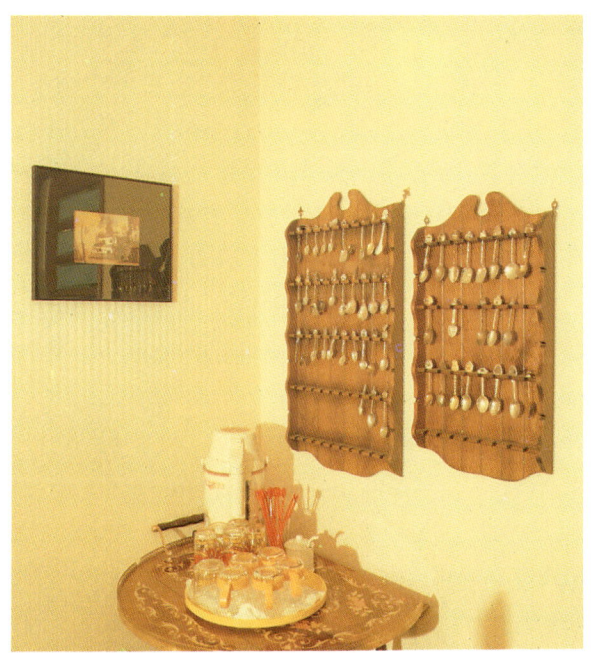

식당에서 지하실로 들어가는 입구 쪽의 모서리에 걸어 붙인 스푼 걸이와 바퀴 달린 이동식 탁자가 집 주인의 이국적 취향과 재치 있는 수납 솜씨를 한껏 드러내 보인다.

식 등을 달기로 했다. 천장 속에 통을 끼우고 박아 다는 식의 스포트 라이트를 가장자리에 설치하고 그림을 단 벽 쪽에는 천장에 레일을 붙여서 다는 식의 스포트 라이트를 달았다. 그것만으로는 아무래도 부족하여 장식성을 겸한 스탠드를 구석구석에 보충했다.

커튼으로는 여러 가지 견본을 이렇게 저렇게 맞추어 보다가 결국 흔히 사무실이나 치과 들에서 볼 수 있는 세로로 된 넓적한 블라인드를 쳐 보았다. 우리나라 가정집에는 생소한 자재라서 그런지 거실에 처음 들어선 이들은 좀 차갑고 서먹서먹한 듯하다는 반응을 보였지만 쓰다 보니까 닦기가 좀 불편하다는 점말고는 분위기도 세련되고 빛의 양도 마음대로 조절할 수 있어 만족하고 있다.

이렇게 흑백을 토대로, 될 수 있는 한 단순하고 현대적으로 꾸며 놓고 보니 자칫하면 단조롭고 차가운 인상을 주기가 쉬울 듯했다. 그래서 반쯤 장난하는 셈으로, 처분하기가 아까워 두었던 아이들이 어렸을 적에 쓰던 동물 무늬의 침대보를 찾아내어 쿠션을 만들어 보았다. 그것들이 군데군데 놓이니 거실 전체의 완벽한 분위기와는 어울리지 않는 듯하면서도 긴장감을 덜어 주고 따뜻한 느낌을 갖게 해 주어 그대로 쓰고 있다. 흑백에는 역시 빨간색의 액센트를 군데 군데 두는 것이 어울려 방석이나 재떨이 같은 소품들은 빨간색 포인트가 들어 있는 물건을 주로 골랐다.

안주인의 빼어난 눈썰미를 믿어서인지 집치레에는 전혀 간섭을 하지 않는 남편이 집안 꾸미기에 간접으로나마 참여한 부분이 그의 사진 작품들이다. 고등학교 때부터 취미 삼아 시작한 뒤로 틈만 있으면 전국을 돌아다니며 찍은 사진들이 이젠 방을 하나 채울 만큼 이 되었다. 그리하여 식당과 현관에는 포스터를 걸고 거실에는 남편의 작품들과 어느 미대생의 판화를 두개 거는 것으로 벽치장을 마쳤다. 그 밖에는 덩치가 크지 않고 잎이 무성하지 않은 화분을 몇 군데 두어 거실이 한결 생생히 살아나게 했다.

"이 집은 언제 와도 갓 이사 온 집 같다"는 얘기를 곧잘 듣는다고 한다. 그 비결을 묻자, "그저 될 수 있는 대로 아무것도 늘어놓지 말고, 쓸데없이 이것저것 사들이지 않는 것일까요" 한다.

조현진 씨 집의 거실

    조현진 씨의 서초동 빌라는 마당이 가운데에 있고 한층에 두 세대씩 기역자꼴로 지어진 삼층 아파트 식의 빌라로서, 일층이어서 그런지 거실 앞으로 마당이 바로 내다보이는 것이 공동 주택이라는 느낌이 전혀 없다. 이따금 다른 집 아이들이 나와 논다거나 낯선 사람들이 왔다 갔다 하면, 지금까지도 한순간 "어, 누구지?" 했다간 "아, 우리만 쓰는 마당이 아니지" 하고 생각을 고칠 정도라고 한다.

    첫 입주자로서, 이사 오면서 손본 곳은 거실의 샹들리에를 떼고 스포트 라이트를 몇 개 단 것밖에는 없다. 새 집이라 깨끗하긴 했어도, 스스로 설계하여 꾸민 집이 아니기 때문에 마음에 맞지 않는 점이 꽤 많았다. 거실만 하더라도 벽난로의 모양이나 재료, 천장들이 산장에라도 온 듯한 느낌을 주었으며 그런 분위기와는 또 어울리지도 않는 대리석 바닥까지가 어쩐지 제각기 따로 노는 듯하고 거실의 내장에서 어떤 일관된 흐름을 찾기가 힘들었다. 그렇다고 여기 저기 손을 대기 시작했다가는 멀쩡한 새 집을 기둥만 남기고 온통 뒤집어 놓게 될 것이 뻔하여 "도저히 참을 수 없는" 샹들리에만 떼어내고는 아무데도 건드리지 않았다. 어차피 남이 설계하여 지어 놓은

현관을 들어서며 본 거실. 천장에 달린
스포트 라이트 몇개말고는 이사 오면서
손본 곳이 거의 없다. "단순하고 현대적이
면서 독특하게" 꾸미다 보니 꼭 필요한
세간만 들어놓았을 따름이다.

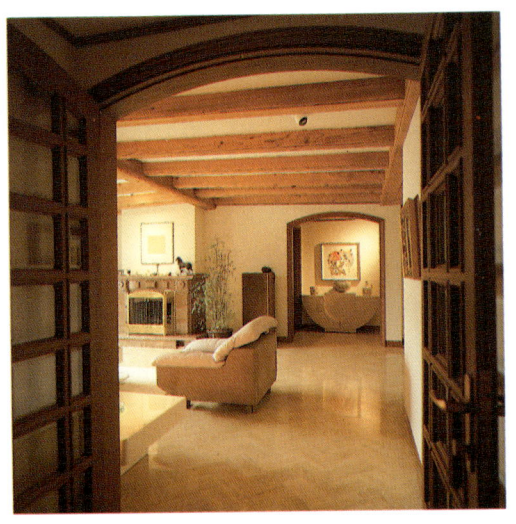

공동 주택이니, 실내 분위기가 선택의 여지없이 얼마쯤 정해져 있어
서 취향에 맞게 개성을 살리기란 꽤 힘들었다.
　조현진 씨는 거실을 꾸미기에 앞서 우선 "단순하고 현대적이면서
독특하게"라는 기본 방침을 세우고, 없어서는 안 될, 꼭 필요한 세간
이 무엇인지를 정해 놓고 찬찬히 가구를 고르기 시작했다. 거실의
세간이라 하면 으레 응접 세트와 탁자가 등장하기 마련이고, 그 밖에
이런저런 장식품들을 진열해 놓을 장이나 선반 따위가 따른다. 워낙
간단한 것을 좋아하고, 무엇이든 늘어놓은 것이 딱 질색이라 우선
응접 세트와 탁자만 사기로 했다. 독특하게 꾸미고 싶은 마음에,
누구나가 하는 식으로 응접 세트를 놓는 대신에 다른 방법이 없을까
하고 궁리해 보았지만 바닥이 마루이거나 전체에 카펫을 놓지 않는
다음에야 대리석 바닥에 의자 대신에 큰 방석을 늘어놓은 식 따위는
맞지가 않을 듯했다. 마침내 응접 세트가 주역인 평범한 거실로
꾸밀 수밖에 다른 수가 없어, 응접 세트나마 좀 색다른 것을 골랐다.

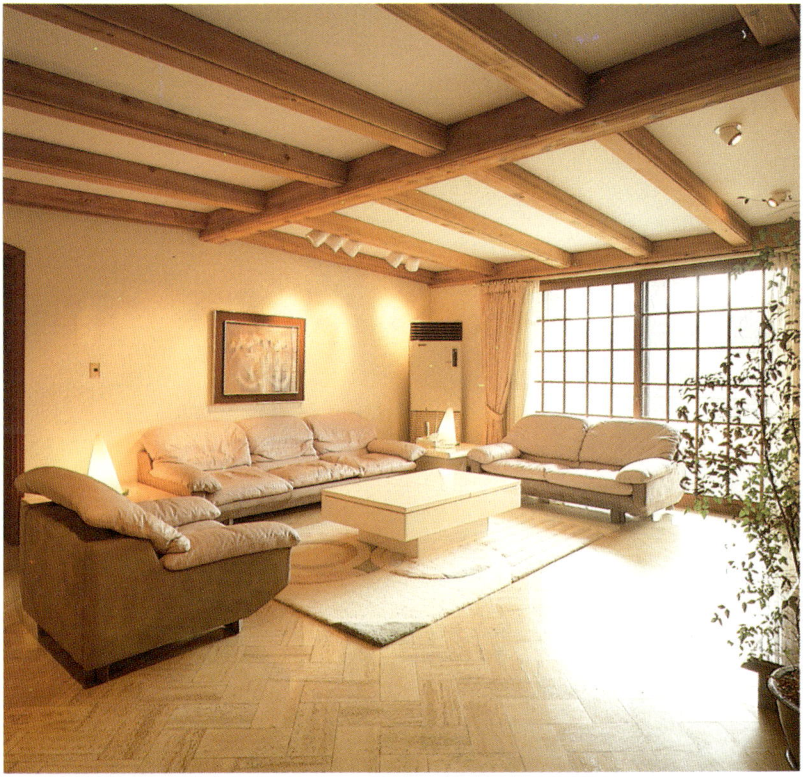

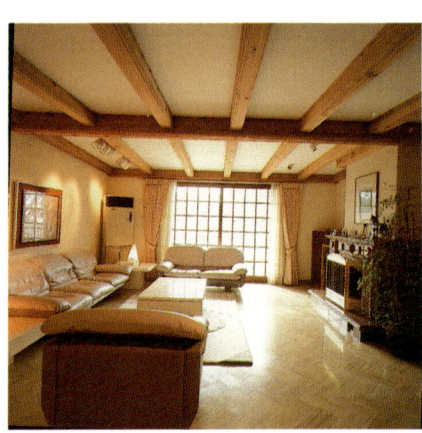

틀에 박힌 거실 모습을 피하느라고 색상에서 개성을 살려 보았다. 연보라색과 연한 회색이 조화된 응접 세트와, 상아색 바탕에 분홍색과 회색, 하늘색 들의 기하학적 무늬가 들어 있는 카펫이 서로 잘 어울린다. (위)

바깥 쪽을 향하여 찍었다. 응접 세트와 스테레오 세트를 빼면 세간이라 할 것이 거의 없다. 조명은 샹들리에를 떼어내고 스포트 라이트를 몇개 달았고 램프를 두개 놓아 보충하는 식으로 하였다. (왼쪽)

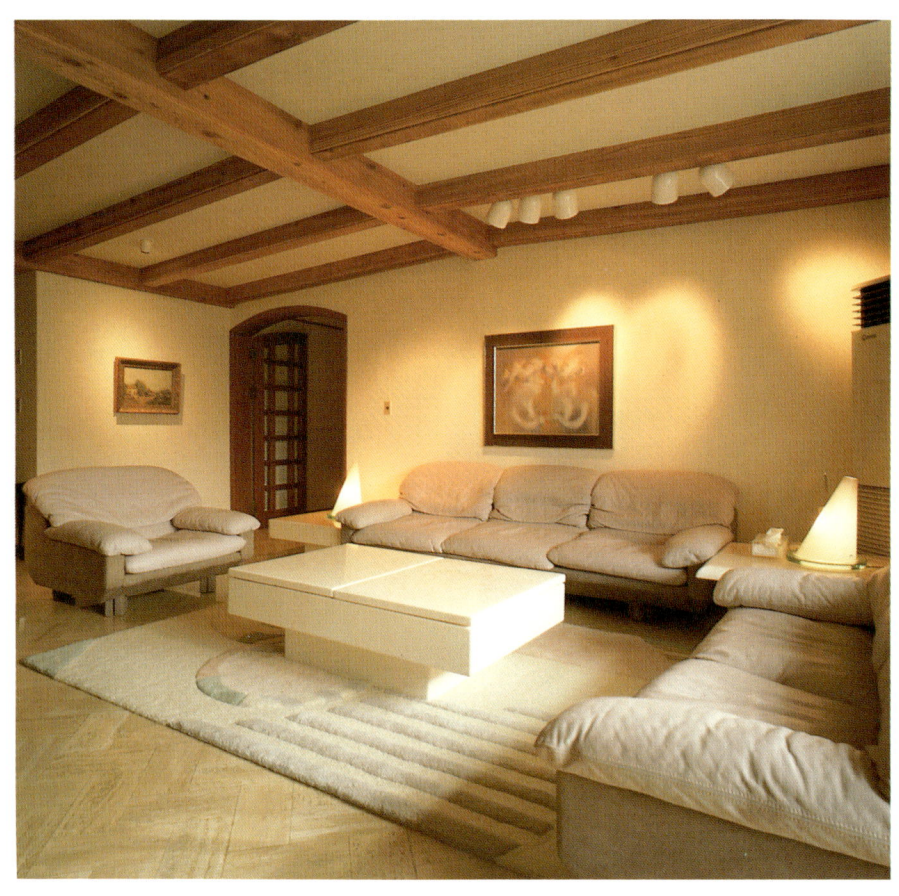

응접 세트의 색에 맞춘 커튼, 램프 두개, 그림, 판화, 사진 등 잔소리가 거의 없는
이 집에 오는 이들의 첫 반응은 우선 "아무것도 없다"는 것에 대한 놀라움이지만,
집 주인에게는 "있을 것은 다 있는" 공간이다.

응접 세트는 분홍색에 가까운 연보라색과 연한 회색이 조화되어, 상아색 바탕에 분홍색과 회색, 하늘색 들의 기하학적 무늬가 들어 있는 카펫과 잘 어울린다. 이 카펫은 손으로 짠 것이니, 벽 장식용 타피스트리이던 것을 색상이 응접 세트와 잘 맞아 바닥에 깔기로 한 것이다. 모양이 서로 조금씩 다른 탁자 세개는 얼핏 보아서는 대리석 같지만 나무에 특수 코팅을 한 것인데 연분홍빛이 도는 것이 응접 세트의 색과도 잘 맞고 대리석 바닥과도 별 다툼이 없어 어울린다. 응접 세트말고는, 남편에게 없어서는 안 되는 친구 하나인 스테레오 세트를 빼면 이 거실엔 달린 세간이랄 게 정말 없다. 기껏해야 응접 세트의 색에 맞춘 커튼, 스포트 라이트를 보충하기 위한 램프 두개 정도며, 장식용 세간이라야 혼인 선물로 잘 아는 화가가 특별히 그려 준 그림과 이사 오면서 기념으로 산 판화 하나, 벽난로 위 선반에 몇개 들여놓은 뜻있는 선물들과 사진 몇장이 고작이다.

늘어놓고 사는 것에는 익숙해진 탓인지, 이 집에 오는 이들의 첫 반응은 그것이 긍정적인 것이거나 부정적인 것이거나 우선은 "아무것도 없다"는 것에 대한 놀라움인 듯하다. 곧 "시원해서 살 것 같다"는 파와 "썰렁한 게 사람 사는 집 같지 않다"는 파로 양분되는데 조현진 씨에게 이 거실은 결코 "아무것도 없는" 것이 아니라 "있을 것은 다 있는" 것으로 지금보다 물건이 늘어난다면 그것은 결코 쓸데없는 물건들일 것이 뻔해, 방문객들의 이런저런 조언은 그저 흘려 보내고 있다고 한다.

박순자 씨 집의 거실

    서울 잠실의 주택 공사 고층 아파트에 사는 박순자 씨는 여름에는 흔히 문을 열어 놓고 지낸다. 그런데 대문이 열린 이 집 저 집 앞을 무심코 지나던 사람도 박순자 씨 집 앞에서는 잠깐 멈춰 좀 기웃거리고 싶어진다. 현관 앞 통로에 얌전히 자리잡은 반닫이며 그 위에 올려 놓은 몇 가지 안 되는 장식품들이 이 집 주인의 눈썰미가 보통이 아님을 이내 알려 주기 때문이다. 입구에서 받은 첫 인상은 거실에 들어가면 다시 한번 확인된다. 그리 넓지 않은 공간의 구석구석에 묻혀 있다시피 한 온갖 자잘한 살림들이 첫눈에는 그리 드러나지 않지만 하나하나 유심히 들여다보면 모두가 멋들어지고 세련되게 디자인된 "작품"들이다. 수저나 포크, 주전자, 그릇 들에 이르는 부엌 살림에서부터 시계, 달력, 휴지통, 화병 따위의 생활 용품이며 콜더의 모빌 비슷한 장식품이나 벽의 그림에 이르기까지 디자인 전문 회사를 경영하는 전문가인 남편의 선택을 거치지 않은 것이 거의 없다.

    거실의 큰 세간은 가구점을 하는 친구한테 받은 응접 세트와 열몇 해 전에 중고 매매 센터에서 구입한 정리장 그리고 식탁 세트와 골동장이 전부다. 크고 작은 세간들을 가만히 살펴보면 옛것과 현대적인 감각이 물씬 나는 것들이 이상스럽게도 잘 어우러져 그다지 대조를 느낄 수 없다. 그것은 아마도 차고 날카로운 느낌을 주는 금속성 소재를 꺼리고 나무나 종이, 흙 같은 것을 재료로 한 물건을 주로 선택하기 때문인 듯하다. 그림틀이나 사진틀, 쓰레기통 들도 모두 나무로 통일했고, 워낙 나무라는 소재에 매혹되어서인지 하다 못해 포도주 병을 담았던 나무 상자도 아껴 두었고, 휴지곽도 나무 상자 안에 넣어 버렸다.

거실에서 받은 인상은 우선 여기저기 숨어 있는 작품들을 수용하기에 좀 비좁다는 그 점이 거꾸로 실내를 포근하고 아늑하게 해 주기도 한다. 앞서 말한 따뜻한 소재와 넓지 않은 공간에서 썰렁함이나 차가움은 전혀 느낄 수 없다. 그렇다고 해서 결코 답답하거나 어수선한 것도 아니다. 조명은 천장에 달려 있던 샹들리에를 없애고 방 한 구석의 스탠드와 식탁 위의 펜던트만 남겼다. 거실 한 벽면을 거의 차지했던 선반도 모조리 떼어내고 그림을 포함하여 장식품들을 거의 눈 높이 아래에 비치함으로써 산만함을 덜어내고 포근한 감이 들게 했다.

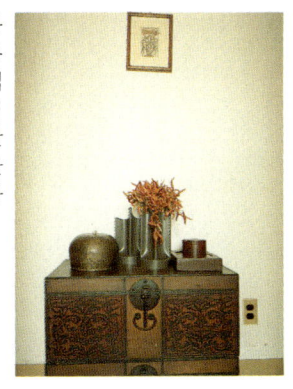

아파트의 문을 밀면 맞바로 보이는 벽면, 이 작은 풍경에서도 벌써 이 집 주인의 눈썰미가 보통이 아님을 알 수 있다. 반닫이 위에 놓인 오밀조밀한 물건들의 조화가 볼 만하다.

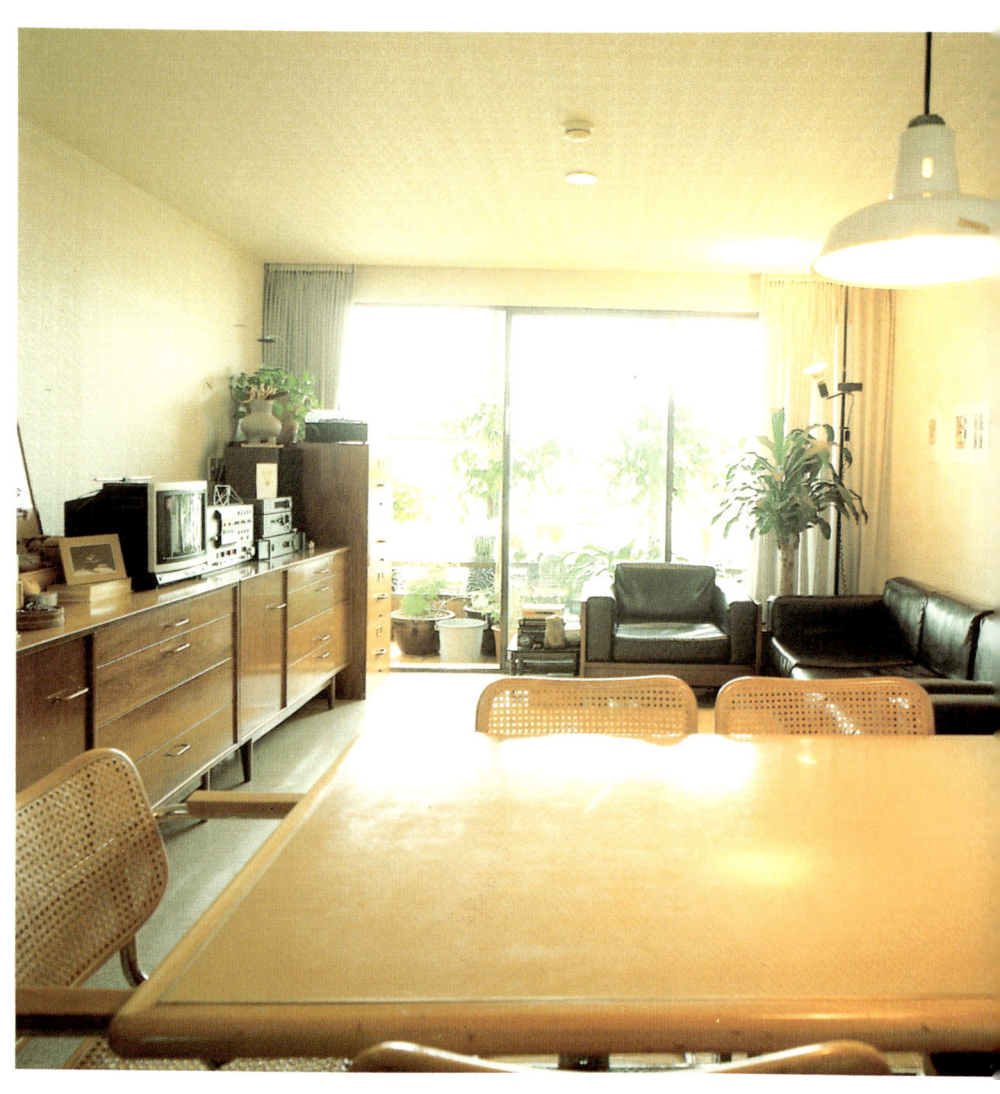

110 박순자 씨 집의 거실

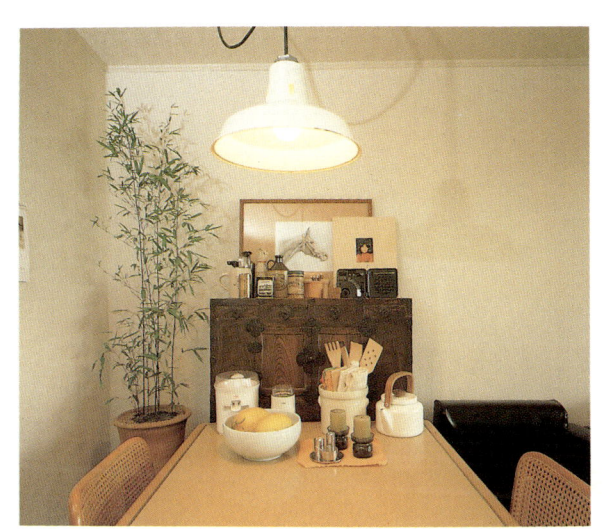

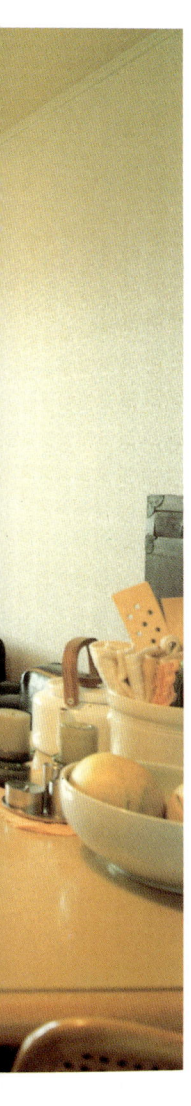

식당이 포함된 거실. 이 공간은 나무나 종이, 흙 같은 것을 소재로
만든 세간이 많을 뿐만 아니라 벽 한면을 차지했던 선반을 모두
떼어내고 그림과 장식품들을 눈 높이 아래로 두어, 매우 포근한
느낌을 준다.(왼쪽)

식탁 세트와 골동장, 옛것과 요즘 것이 서로 잘 어우러진다. 물건
하나하나가 도드라지지 않고 제자리에 걸맞게 들어앉아 있다.(위)

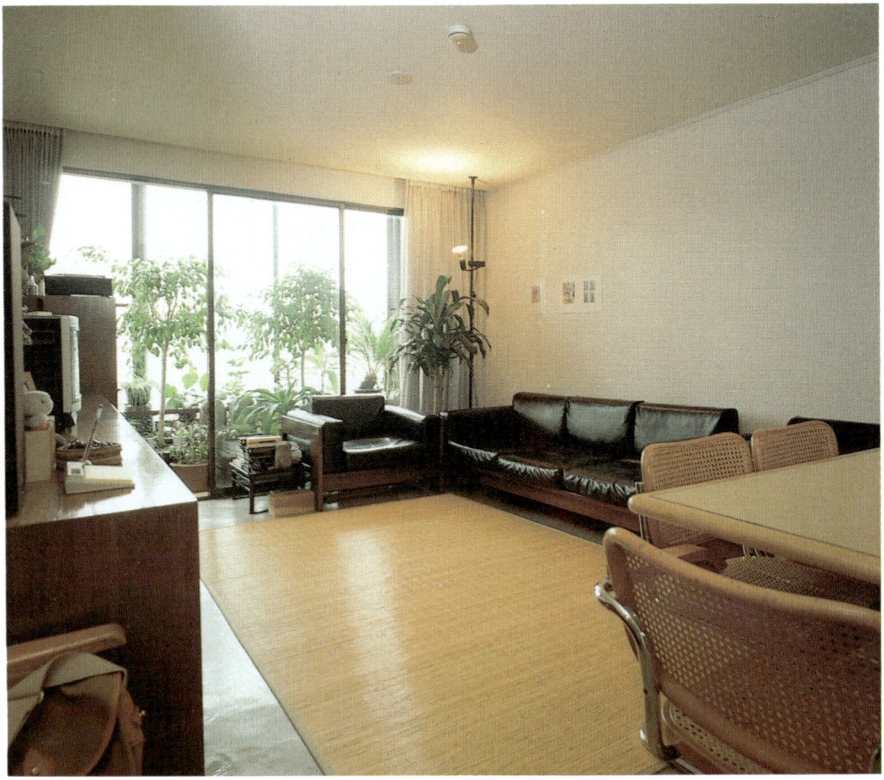

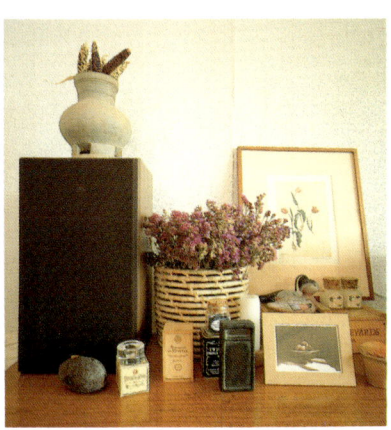

식탁을 비껴 찍은 거실 전경. 기능과 멋과 경제성 따위를 헤아려 사모은 물건들이 제자리를 찾아 자리잡고 있다. 흙이 그리운 아파트살이를 보완하고자 하는 주인의 손길이 베란다를 화분으로 가득 채워 놓았다. 거실 바닥의 돗자리가 시원해 보인다.(위)

정리장 위의 한켠에 놓인 스피커와 꽃바구니들(왼쪽)

제아무리 디자인이 빼어나다 하더라도 잡동사니들을 알맞은 자리에 적당히 늘어놓는 것이 그리 쉬운 일이 아니다. 이 집 내외는 보기에는 꼼꼼하고 무엇 하나 흐트러져 있으면 못 견뎌 할 것 같으면서도 막상 집안을 꾸미는 데는—하기야 의도적이겠지만—뜻밖에도 너그럽다. 워낙 책 모으는 것이 취미인 남편이 시시때때로 들여오는 온갖 잡지와 디자인 관계 전문 서적들이 이 구석 저 구석에 쌓여 있는가 하면 목각 장난감이나 조각품들이 적당히 널려 있다. 곧, 물건 하나하나는 기능과 멋과 경제성 같은 여러 측면을 헤아려서 선택하지만 생활 환경 안에 들여오면 저마다를 드러내기보다는 마치 숨기듯이 자리잡아 놓아서 자세히 보면 볼수록 은근히 돋보인다. 거실의 물건 어느 하나도 크고 작음을 떠나 전체를 압도하듯이 드러나게 버티고 있는 것이 없다. 덩지가 큰 가구에서부터 손바닥 안에 감추어질 만한 조그만 장식품에 이르기까지 모두가 색감이나 질감에서 같은 점이 많아서인지 따로 놀지 않고 어우러져 있다.

아파트에 살다 보면 자연히 흙을 그리워하게 되고 그 한 방편으로 단독 주택에서보다 실내에서 화초를 더 많이 가꾸게 된다. 박순자 씨도 거실에 달린 베란다를 화분으로 가득 채웠다. 아파트에서나마 녹색을 즐기고 싶은 마음과 거실 앞으로 내다보이는 삭막한 단지 풍경을 좀 감추고 싶었기 때문이다. 최근에는 세 아이들의 간곡한 부탁도 있고 해서 강아지 한 마리를 두었더니 집 같은 느낌이 한결 더해진 듯하다고 한다.

박은영 씨 집의 거실

"제 성격이 좀 보수적이라서 그런지 너무나 현대 감각이 강한 가구나 실내 장식은 별로 내키지가 않더군요. 너무 차갑다고 할까, 기계적이라고 할까, 싫증도 쉽게 날 듯하고요. 그보다는 포근하고 따뜻한 분위기의 가정다운 느낌을 내보려고 생각했지요." 집 주인인 박은영 씨의 첫마디이다.

그도 사실 취향이 많이 바뀌었다고 한다. 전에는 훨씬 더 고전적인 가구를 좋아했었지만 요즈음엔 근본적으로는 고전적이나 간결화된 가구가 마음에 든다. "현대 감각의 가구나 실내는 확실히 첫눈에는 훨씬 더 매력이 있겠지만, 자칫하면 가정이라기보다 사무실 같은 분위기를 내기 쉽지요. 가정의 실내 장식은 멋있다라는 표현보다는 따뜻하고 편안하다는 표현이 어울리도록 꾸며져야 될 듯해요."

"간결한 고전적인 분위기"로 흐름을 잡고, 새로 이사 온 이 집을 꾸밀 궁리를 했다. 인테리어 전문 업체에 일괄해서 맡기는 방법도 있겠지만 워낙 그 스스로가 관심이 많은 데다 스스로 해 보는 게 돈도 덜 들고 또 재미도 있어서, 디자인에서부터 재료 고르기에 이르기까지 일일이 몸소 뛰어 다니며 했다.

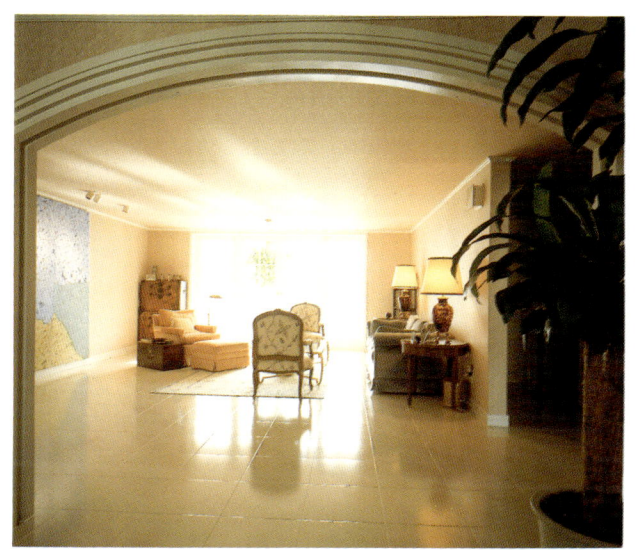

부엌 쪽에서 본 박은영 씨 집의 거실. 이사 오면서 바닥과 벽, 창틀을
손보아 여느 아파트의 획일적인 분위기에서 벗어나도록 했다.(위)

흔히 하는 샹들리에가 아닌 조명 기구를 찾으려고 애쓰다가 마침내는
스포트 라이트 몇개와 램프와 스탠드로 했다. 조명이 좀 침침하기는
해도 아늑한 느낌을 준다.(아래)

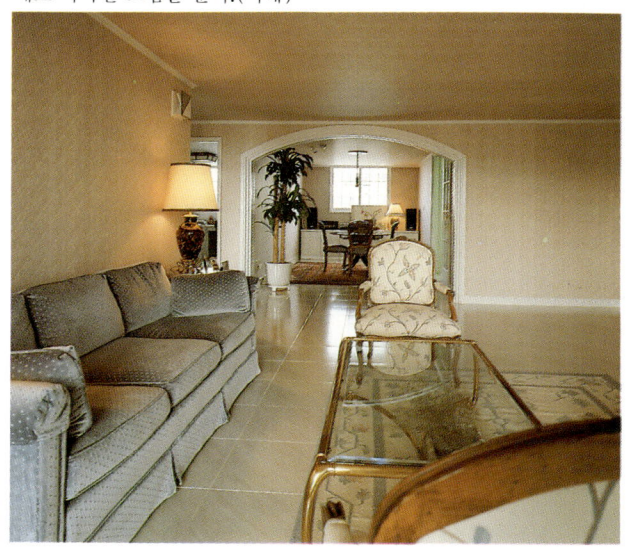

박은영 씨는 집안의 실내 장식은 멋있다라는 말보다는 따뜻하고 편안하다라는 말이 어울리도록 꾸며져야 한다고 생각한다. 따라서 가구도 지나치게 현대 감각이 강한 것은 피하는 편이다.(아래)

자질구레한 장식품은 모두 치워 버리고 거실 벽을 거의 절반이나 차지하는 큰 그림을 하나 걸었다. 대담하면서도 빼어난 감각을 엿볼 수 있게 한다.(오른쪽)

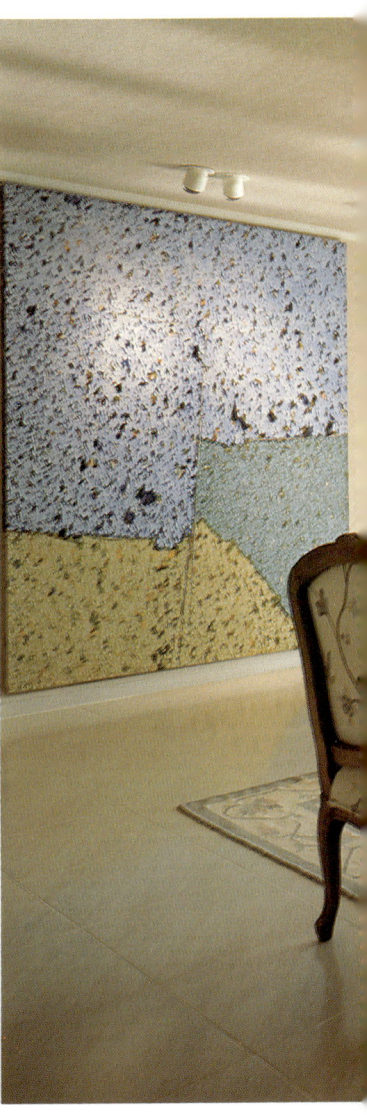

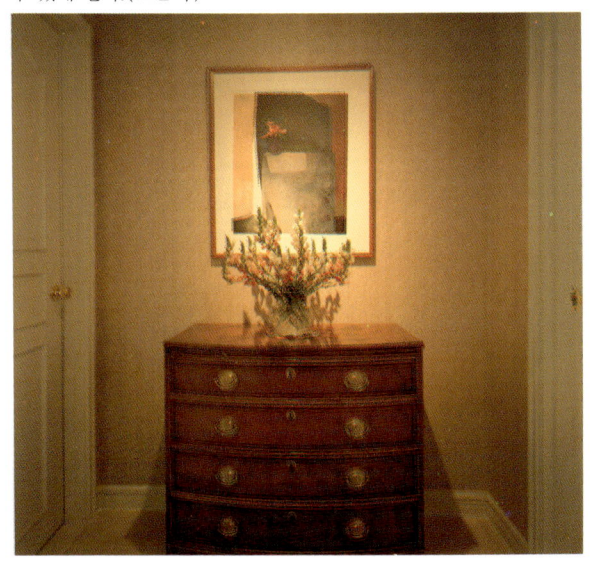

116 박은영 씨 집의 거실

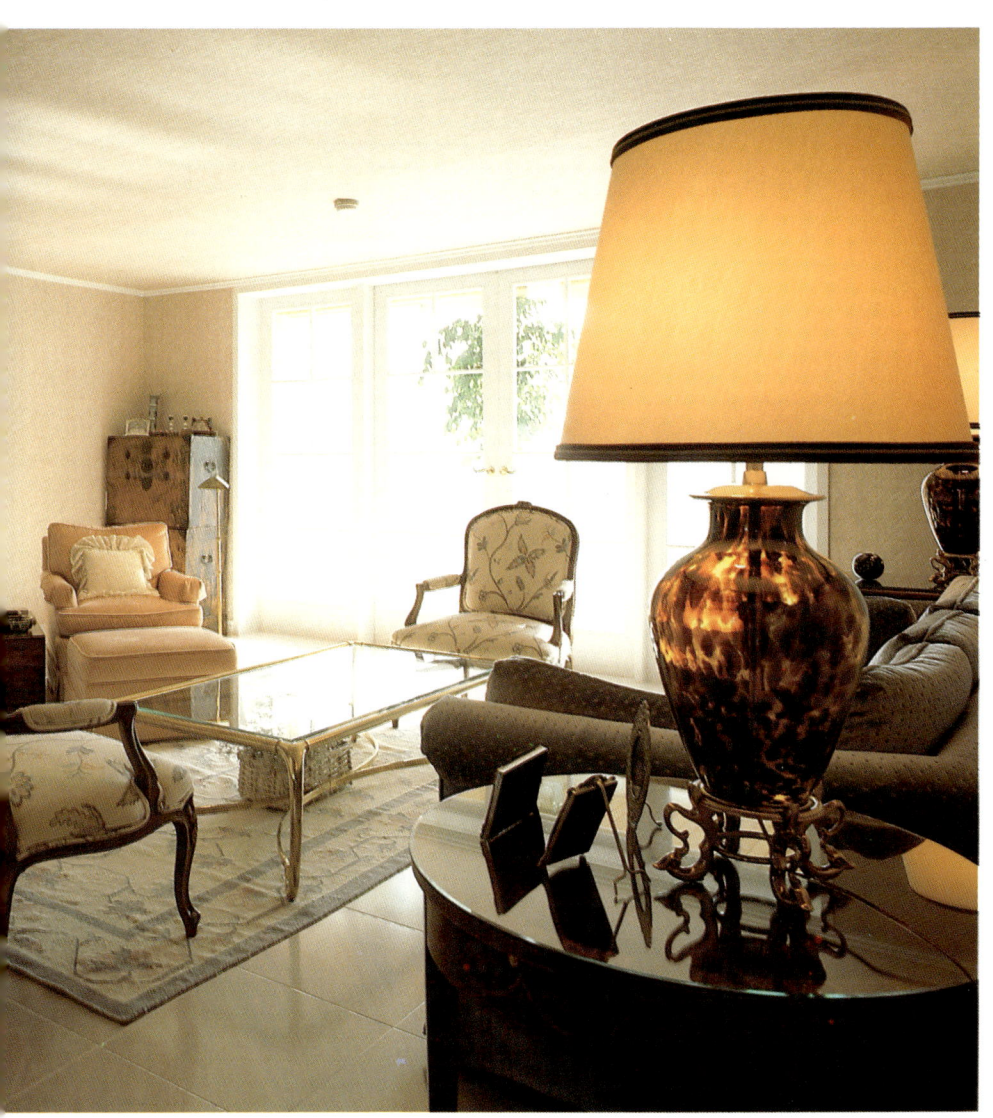

거실은 다행히 앞쪽으로 가리는 것이 없이 모처럼 크게 나 있는 창문을 이용해서 밝고 명랑한 분위기를 만들고자 하여 우선 연한 회색 벽지로 도배를 하고, 가정다운 포근한 느낌을 내려고 창틀을 새로 짰다. 베란다에는 큼직한 화분 하나만을 놓아 간단히 "조경"을 끝냈는데, 요즈음에 아파트 안에서 정원 맛을 낸답시고 온갖 화초를 늘어놓고 매달아 가득 채우고 심지어 인조 잔디까지 등장하는 꼴이 늘 못마땅했다. "정원이 없으면 없는 대로 살아야지 억지로 흉내를 내는 게 여간 어색하지가 않다"는 게 그의 소견이다.

거실 바닥은 본디 비닐이었다. 실용성만을 생각하면 그만이겠으나, 색상이며 무늬는 말할 나위도 없고 자재 자체가 영 방 전체를 버려 놓기가 십상이었다. 바닥 전체에 카펫을 까는 방법도 있겠으나 그럴 때에 위생적인 문제도 있고, 한여름에 무더울 것도 염려되어 그 방법은 접어두기로 하고, 공사가 다소 커지는 것이 내키지는 않았지만 바닥을 새로 깔기로 했다. 그러나 막상 재료를 구하러 다니다 보니 알맞은 것이 없었다. 마루를 깔자니 가지고 있는 가구와 맞질 않고, 밝고 깨끗한 분위기를 만들려니 아무래도 연한 색상의 자재를 찾게 되는데 업자들은 입을 모아 대리석을 권했다. 그러나 대리석은 가격도 문제일 뿐더러 색상이나 차가운 질감 자체도 마음에 들지 않아, 고심 끝에 연한 베이지색의 큼직한 타일을 깔기로 했다. 처음에는 어떨까 싶어 걱정도 했지만 깔아 놓고 보니 깔끔하기도 하려니와 청소하기도 쉬워 우선은 성공한 셈이다.

가장 애를 먹은 부분은 조명 기구였다. 어찌된 영문인지 거실의 조명 기구는 으레 크리스탈 샹들리에로 정해 놓은 양, 가는 곳마다 입을 모아 권하는 것이 요란스럽게 번쩍거리는 샹들리에들뿐이었다. 그런 샹들리에가 어울리는 분위기를 원하는 것도 아니었고 애당초 샹들리에의 화려한 차가움을 별로 좋아하지도 않았던 터라 포근한 분위기를 낼 수 있는 거실의 조명 기구를 찾기가 쉬운 일이 아니

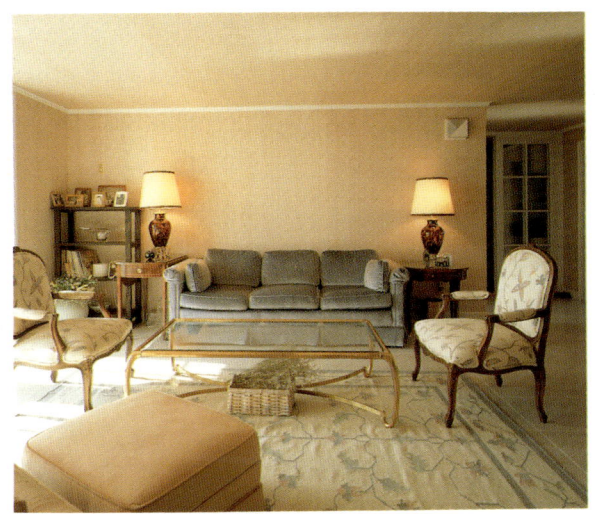

발판이 달린 안락 의자 식의 소파를 거실 한쪽에 따로 놓아 단조로
울 뻔한 공간에 변화를 주었다.

었다. 결국 좀 침침하기는 해도 아늑한 느낌을 낼 수 있도록 간접
조명을 택했다. 벽의 그림을 돋보일 겸 해서 스포트 라이트를 천장에
달고, 램프와 스탠드로 조명을 마쳤다.

　가구는 골동품 몇점을 포함해서 모두 쓰던 것들인데 소파는 따뜻
하고 포근한 느낌을 살리기 위해 진한 색들이었던 것을 부드러운
색상 곧 연한 하늘색과 분홍색으로 천갈이를 했다. 가구의 배치가
무척 색다르다. 한가운데 발판이 달린 안락 의자 같은 소파를 비스
듬히 따로 놓아 단조로울 뻔한 거실에 변화를 주고, 또 책이나 신문
을 보며 그 의자를 주로 사용하는 남편에게는 거실이라는 한 공간
안에서 따로 분리되어진 듯한 느낌을 주는 구실도 하도록 했다.
거실의 천장부터 바닥까지 벽을 반이나 차지한 그림에서 박은영
씨의 보수적인 고집 안에 숨어 있는 대담성과 실내 장식 분야에서의
빼어난 감각을 엿볼 수 있는 듯하다.

김영자 씨 집의 거실

"중이 제 머리 못 깎는다더니 저도 마찬가지예요." 수성동과 삼성동 코엑스 전시장에 "람 인테리어"라는 맞춤 가구 전문 가게를 갖고 있는 인테리어 디자이너 김영자 씨는 남의 집 꾸며 주다 보니 제 집 단장은 뒷전으로 밀려났다며 쑥스러워한다.

칠십삼년에 "레브델"이란 이름으로 인테리어 업계에 발을 들여놓은 뒤로 지금까지 가구나 집치레에 대한 그의 근본 방향은 이렇다. 곧 기능은 작은 면에까지 철저하게 배려하되 장식은 복잡하지 않고 과장되지 않게 하는 것이다. 그가 아는 가구업자들 중에도 많은 사람들이 이른바 이태리 가구 쪽으로 돌아서 톡톡히 재미를 본 모양이지만 김영자 씨는 단순한 멋과 기능성을 중심으로 하여 꾸준히 이끌어 오고 있다.

"인테리어 디자이너의 집이라고 다들 기대를 하는 모양인데 사실 저의 집은 너무도 평범합니다. 가구는 물론 거의 제 가게에서 만들었습니다만 남의 집 꾸며 주는 데만 신경을 쓰다 보니 자연히 저의 집에는 소홀해지더군요. 그러나 사실 첫눈에 반짝 들어오게 완벽하게 구성된 실내 장식은 처음 보기에는 멋있고 신선하게 느껴질지

몰라도 자칫하면 싫증이 나기 쉽고 가정의 푸근함이 빠지게 되기
쉽지요. 역시 가정은 상업적인 장소와는 달리 편안하고, 꾸미지 않은
듯이 꾸미는 것이 중요하다고 봅니다." 라고 말한다.

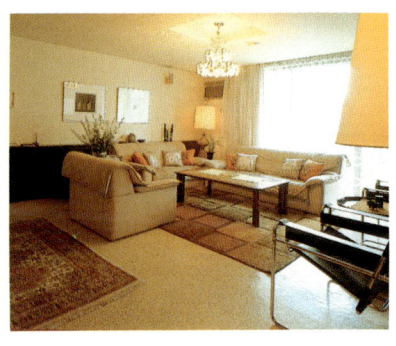

김영자 씨 집의 거실 전경. 인테리어
디자이너의 집이라고 보기에는 평범한
꾸밈이다. 적어도 집안에서는 "전문가
티"를 내고 싶지 않아서 전문가로서의
"고집"은 부리지 않았다. (왼쪽)

그이는 첫눈에 반짝 들어오게 완벽하
게 구성된 실내 장식은 처음 보기에는
멋있고 신선하게 느껴질지 몰라도
자칫하면 싫증이 나기 쉽고 가정의
푸근함이 빠지기 쉽다고 생각한다.
(아래)

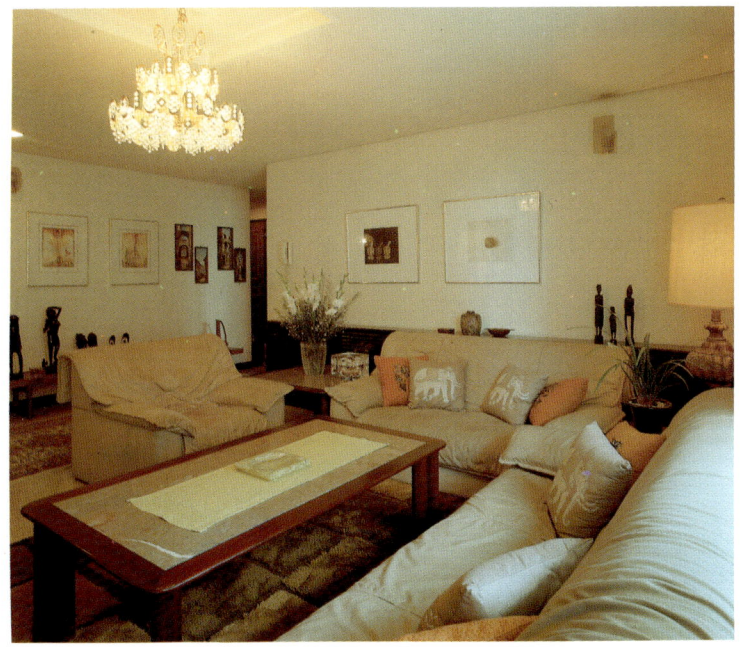

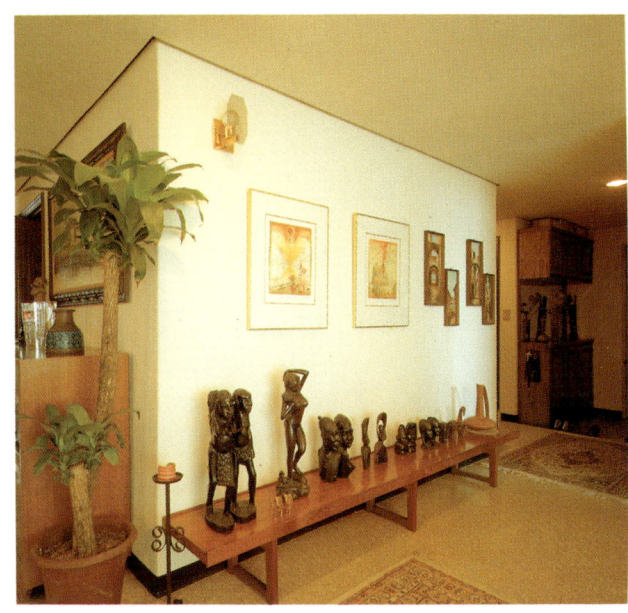

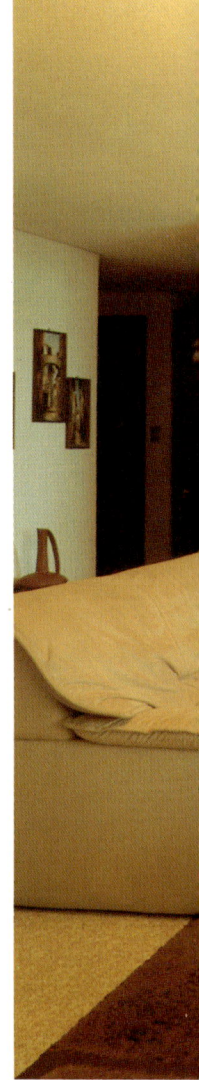

남편이 취미로 모으기 시작한 목각 인형들이 한 자리를 차지하고 있
다. 김영자 씨는 이런저런 장식품들을 늘어놓는 것을 싫어하지만, 집안
꾸미기는 온 가족이 함께 이루어 나가는 데에 뜻이 있다고 여겨 이젠
아예 진열장을 만들어 "협조"하게 되었다.(위)

편리하고 단순한 것을 좋아하는 그의 취향이 그 스스로 만든 가구들에
배어 있다. 가정은 곧 이야기와 대화가 있는 곳이기에 우선 편안해야
하고, 그래서 꾸미지 않은 듯이 꾸미는 것이 중요하다는 것이 그의 신념
이다.(오른쪽)

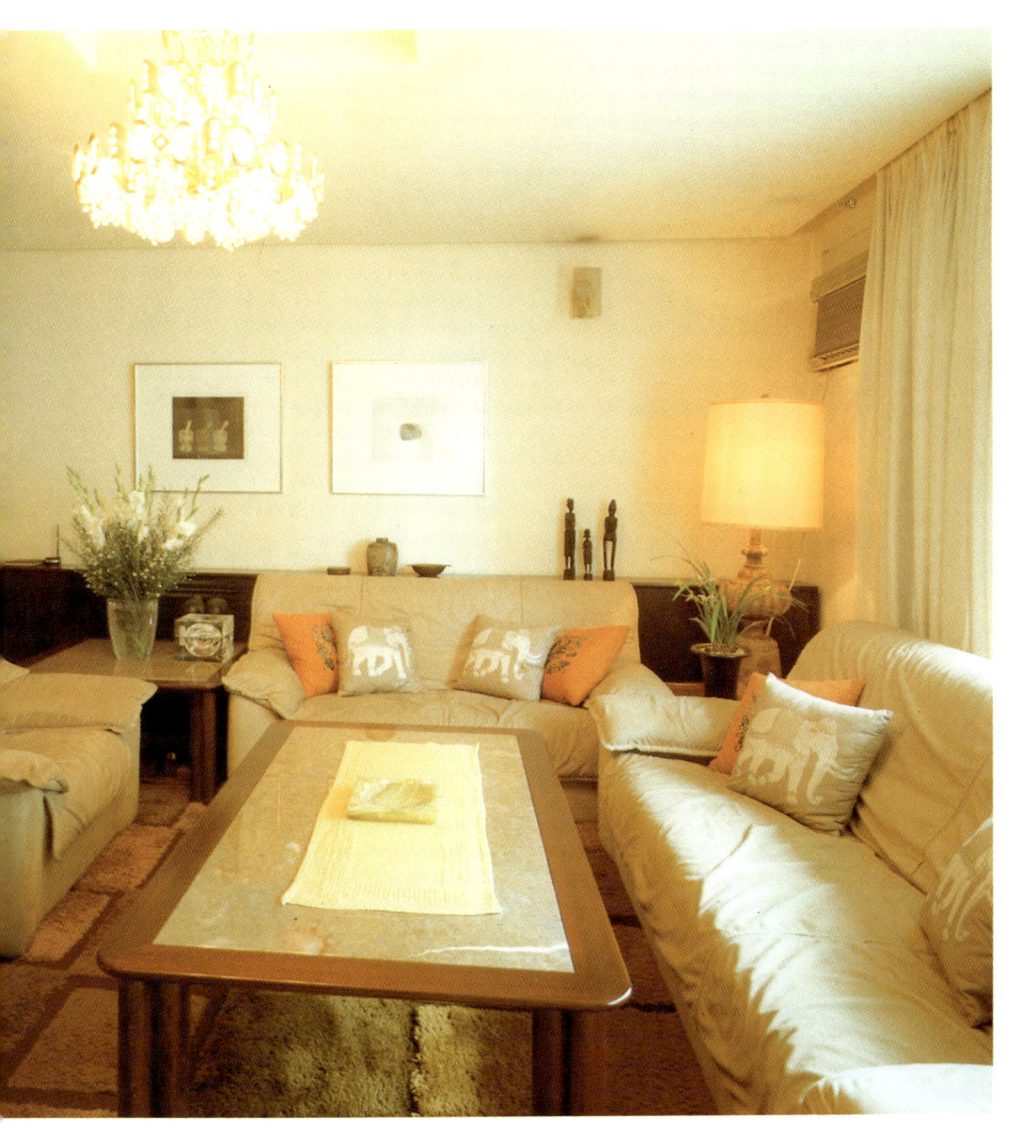

김영자 씨는 워낙 깔끔하고 단순한 것을 좋아해서인지 복잡한 가구나 이런저런 장식품들을 내놓는 게 딱 질색이다. 그런데 남편이 취미로 모으기 시작한 크리스탈 제품이며 목각 인형, 레코드판들이 쌓이기 시작하더니 점차로 집안 전체를 "전시장"으로 만들어 버렸다. "남편이 좀 곰살궂은 데가 있어서 물건 모으기를 좋아해요. 그리고 모은 것들을 늘 눈에 띄는 곳에 놓아 두고 즐기고 싶다며 이렇게 늘어놓았답니다." 한번은 그이가 남편이 없는 사이에 싹 치워 버렸더니 어찌나 섭섭해 하는지 도로 다 꺼내 놓았다. 바쁘기도 하고 늘 남의 집을 우선으로 생각하다 보니 제 집은 제쳐 놓은 면도 있지만, 집안에서는 "전문가 티"를 내고 싶지 않기도 하고, 집안 꾸미기란 결국 집안 식구 모두가 나름대로 참여하여 만들어 놓은 데에 뜻이 있는 듯해 전문가로서의 "고집"은 제쳐 놓기로 했다. 장식품이 점점 늘어나는 것이 마음에 걸리기는 하지만 물건이 늘 때마다 이야깃거리도 하나씩 늘어 가는 것이 또한 소중한 것이다. 가정은 곧 이야기와 대화가 있는 곳이기에 값의 높고 낮음과 관계 없이 추억이 담긴 물건이나 정성스럽게 모은 수집품들이 장식품이기보다는 "식구의 일부"가 되어 버린다. 그래서 그런지 김영자 씨도 한때는 남편이 이 구석 저 구석에 수집품들을 늘어놓으면 부지런히 치워 버렸지만 이젠 아예 진열장을 만들어 "협조"하게 되었다.

결국 집안 꾸미기란 온 가족이 함께 이루어 나가는 데에 더 뜻이 있다. 제아무리 유명한 인테리어 디자이너가 자기의 취향과 주장으로 멋진 공간을 꾸며 보았자 그것이 그 공간에 머무는 이들의 생각이나 원하는 분위기와 맞지 않는다면 결코 성공적인 실내 장식이라고는 할 수 없는 것이다. 그것이 가정 부인 인테리어 전문가인 김영자 씨의 신념이다.

박동애 씨 집의 거실

　서른아홉평쯤 되는 박동애 씨의 아파트는 우리가 알고 있는 그만한 넓이의 다른 아파트들과 그 구조가 사뭇 다르다. 흔히 거실이 중심이 되고 그 주위를 방, 목욕탕, 화장실, 부엌 들이 둘러싸고 있기 마련인데, 박동애 씨의 아파트는 거실과 침실이 남쪽과 북쪽 끝에 자리하고 그 사이를 긴 복도가 연결해 주며, 그 복도를 따라서 방 둘과 화장실이 있는 다소 이색적인 구조를 하고 있다. 안방을 은밀한 구석에 감추고 거실이 다른 공간과 완전히 독립된 것은 서양식 생활 방식을 좇은 발상이라고 하겠다. 거실의 구조도 우리 생활 통념에서 벗어난다. 이 아파트는 현관문의 안과 밖의 바닥 높이가 같은데, 하얀 모듈을 쌓아 구획을 짓고 실내화로 갈아신는 자리를 내었을 뿐이니 딱히 따로 현관이라고 할 만한 것이 없다. 현관문에 들어서자마자 오른쪽으로 바로 부엌으로 들어간다. 식당을 위한 공간은 따로 있지 않고 현관문을 들어서면 바로 왼쪽에, 거실 전체로 봐서는 동쪽 구석에 차려져 있는 점도 이색적이다.

　거실의 꾸밈을 찬찬히 들여다보자. 복도 쪽이 북쪽, 베란다 쪽이 서쪽, 식탁 쪽이 동쪽이다. 거실 중심에서 베란다 쪽으로 약간 더

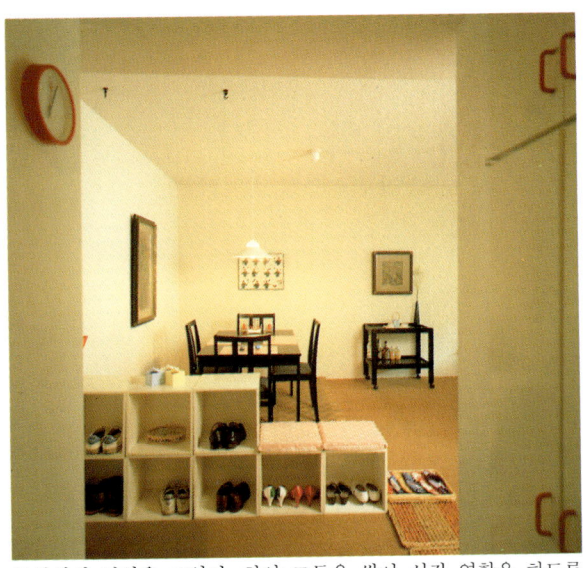

부엌에서 거실을 보았다. 하얀 모듈을 쌓아 신장 역할을 하도록
했다. 시집 오기 전에는 여기에다가 레코드를 담았다.

간 자리에 검은 빛깔의 나무 탁자, 분홍색 보를 씌운 소파, 검은
빛깔의 소파가 모여 있다. 북쪽 벽은 검은 모듈이 전축을 사이에
두고 좌우에 여섯개씩 붙어 있고 그 양끝에 스피커가 붙어 있다.
스피커 위에 사분의 일 원 모양을 한 조명 기구가 하나씩 놓여 있
다. 모듈 속에는 박동애 씨가 중학교 이학년 때부터 모았다는 음반
들이 가득 꽂혀 있다.

　하얀 벽지를 바른 그 맞은편 넓은 벽에는 높이가 어른 허벅지쯤
되는 다리가 가늘고 빛깔이 검은 이동식 탁자가 놓여 있고 몸매가
가는 검은 꽃병이 얹혀 있다. 동쪽 구석에는 앞서 말한 것처럼 검은
탁자와 의자들이 모여서 식탁을 이루고 있다. 대단히 소박하고 간략
한 차림이다. 이 집의 세간은 소파하고 매트리스 빼고는 전부 조립
식이다. 남편이 직장 때문에 이사를 자주 하기 때문이라고 한다.

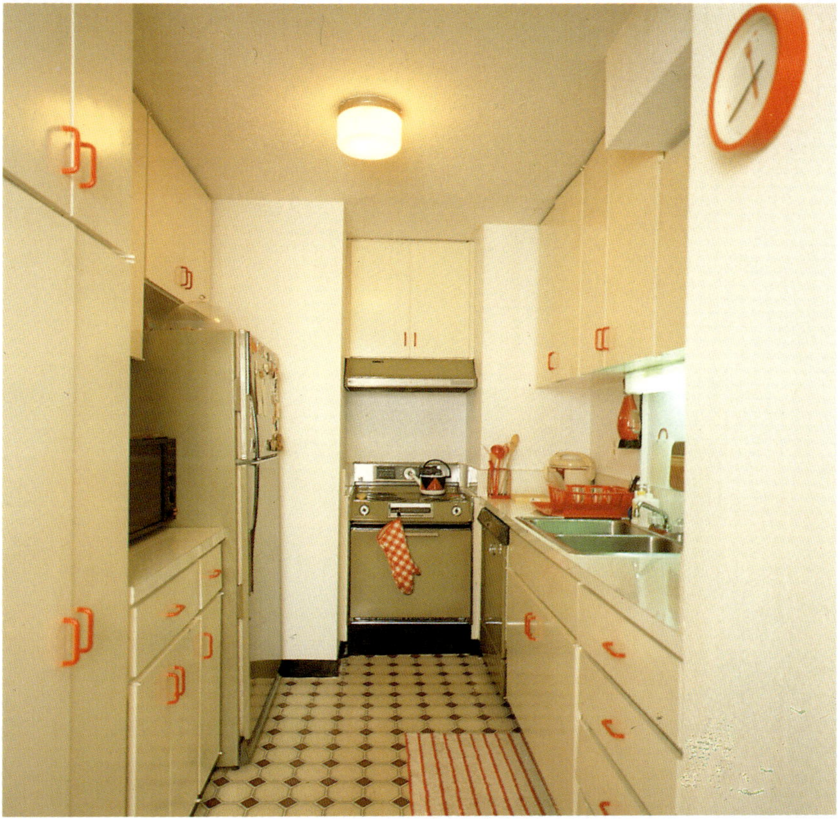

수납장이 대단히 풍부한 부엌. 조금 답답한 느낌도 난다. 본디는 스텐레스로 되어 있던 손잡이를 모두 떼어내고 빨간 것으로 달았다. 흰색과 빨간색이 어울려 깨끗하고 산뜻한 느낌을 준다. 오른쪽 귀퉁이에 건 시계의 바늘이 칼과 포크 모양이다.(위)

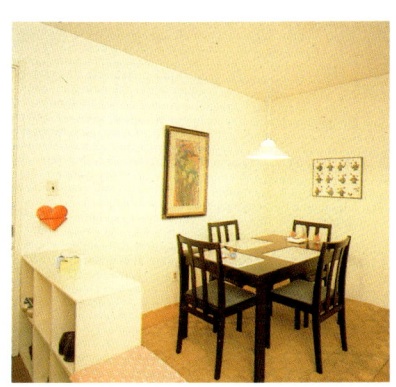

현관문의 오른쪽 바로 옆, 거실의 동쪽 구석에 식탁이 놓여 있는 것이 이색적이다.(왼쪽)

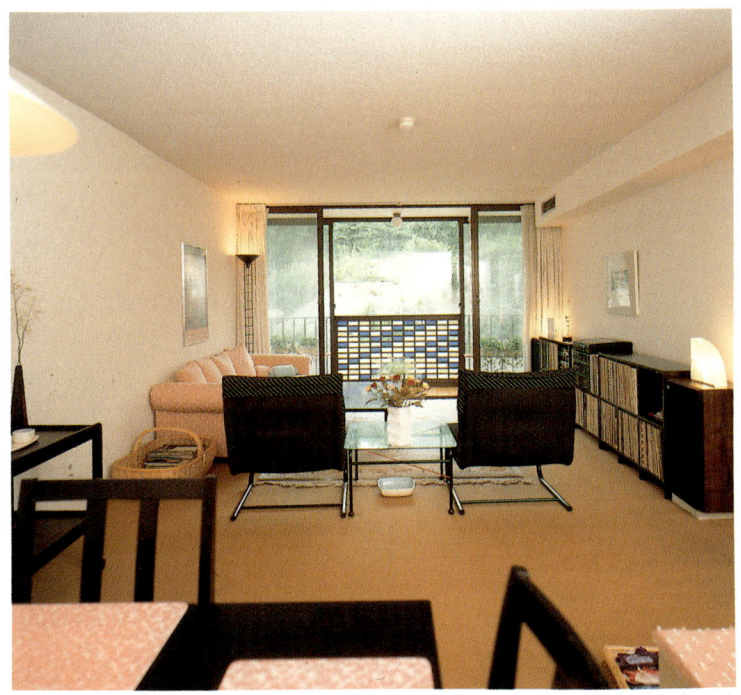

베란다 쪽을 보았다. 푸른색, 흰색, 상아색, 칼라톤 지를 이용하여 베란다 아래 유리벽을 꾸몄다. 그 양 옆에 나무 판자를 굵은 노끈에 매달고 아이비를 올려 놓았다. 베란다의 꾸밈이 거실에 생동감을 준다.

시집 갈 때에 어른들을 설득시켜 혼수에서 장을 뺐다는 박동애 씨가 이 아파트를 선택한 것은 그런 세간들이 아쉽지 않을 만큼 붙박이 수납장이 풍부하기 때문이었다. 그는 또 세간이 사는 사람의 허리 위로 올라가면 사람을 갑갑하게 만든다고 생각한다. 그래서 이 거실은 처음으로 온 사람들의 첫 소감이 거개가 "텅빈 것 같다" 일 만큼 벽이 아주 시원스럽게 노출되어 있으며 그림 몇점으로만 꾸몄다. 북쪽 벽에 같은 창에서 내다본 사철을 한폭에 담은 그림 한점이 있고, 맞은편 넓은 벽에는 판넬한 고호의 그림, 박동애 씨의 미국 디자인 학교 졸업 작품, 김환기의 그림 해서 세점이 걸려 있

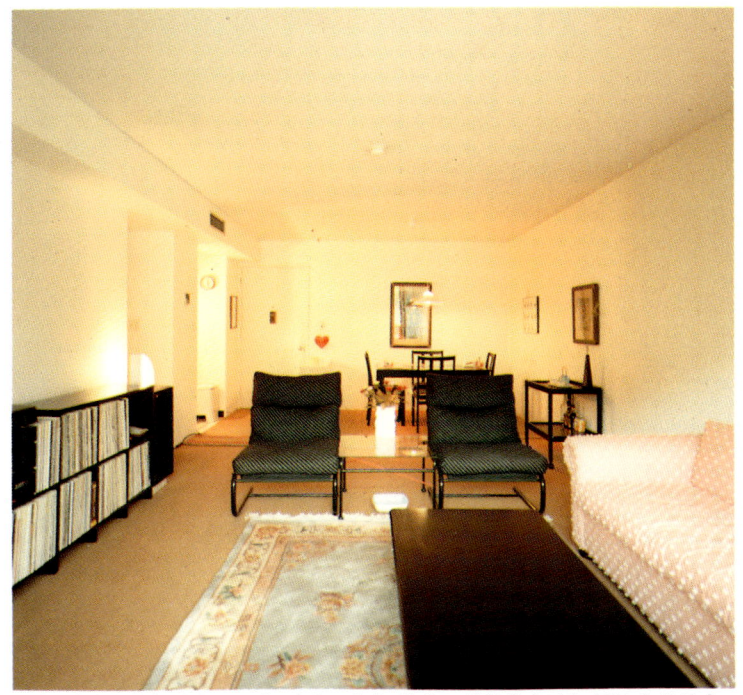

거실. 베란다에서 현관문 쪽을 바라보았다. 현관문 왼쪽에서 처음 골목이 부엌이고 그 앞골목이 침실로 이어지는 복도이다. 현관문 오른쪽에 식탁이 보인다. 거실의 꾸밈이 무척 간략하고 깔끔하다.

고, 식탁 위에는 시집 갈 때에 어머니가 주신 그림을 걸었다. 현관문 에 들어서서 바로 오른쪽 벽 귀퉁이에는 박수근의 그림도 보인다. 거실의 전체적인 색조는 흰색이고, 대조가 되는 검은 빛깔의 "심플 한" 세간들이 어울려 거실의 분위기는 맑고 산뜻하다. 흰색과 빨간 색을 좋아하는 그는 집안에 있는 수납장들의 스텐레스 손잡이들을 모두 빨간 것으로 바꾸어 버렸다. 부엌과 같은 경우에 하얀 수납장 의 색조에 빨간 손잡이들이 어울려 산뜻하고 경쾌한 느낌을 맛볼 수 있다.

　박동애 씨는 장식 미술을 전공한 "디스플레이 디자이너"이다.

그는 "가구를 으레 나무빛이나 밤색이어야 한다"는 식으로 생각하는 고정 관념이 많으나, 사람마다 다 취향이 다른 것이고, 또 자기집인 만큼 자신을 갖고 "용감하게 자신이 좋아하는 빛깔을 선택해야 한다"고 강조한다.

베란다 쪽의 꾸밈이 아주 특색이 있다. 난간 유리에는 칼라톤지를 흰색, 푸른색, 상아색, 바둑판 무늬 모양으로 붙였다. 창 밖에 내다보이는 콘크리트 구조물이 보기가 싫어서 그것을 가리느라고 만든 것이라고 하는데 가을에는 황토색과 밤색으로 바꿀 작정이라고 거실 주인은 말한다. 그 양쪽에 굵은 노끈을 서너 가닥 겹쳐서 천장에서 늘어뜨려 나무판을 매달고 그 위에 아이비를 올려 놓았는데, 노끈은 동대문 시장에서 천팔백원에, 나무판은 삼천오백원을 주고 산 것이라고 한다. 박동애 씨는 세간을 바닥에 놓는 것보다는 이렇게 "매다는 기법"을 좋아한다. 현관 쪽이 좀 허술한 듯하여 하얀 모듈 위에 반투명의 하얀 아크릴에 그림을 그려 매달 작정이다. 베란다의 이러한 꾸밈은 자칫하면 단조롭게 느껴질 거실에 싱그러운 생동감을 듬뿍 보충해 준다.

빛깔있는 책들 203-15

거실 꾸미기

글	―뿌리깊은나무
사진	―뿌리깊은나무
발행인	―장세우
발행처	―주식회사 대원사
주간	―박찬중
편집	―김한주, 조은정, 황인원
미술	―차장/김진락
	김은하, 최윤정, 한진
전산사식	―김정숙, 이규헌, 육양희

첫판 1쇄 ―1990년 2월 28일 발행
첫판 5쇄 ―2003년 9월 30일 발행

주식회사 대원사
우편번호/140-901
서울 용산구 후암동 358-17
전화번호/(02) 757-6717~9
팩시밀리/(02) 775-8043
등록번호/제 3-191호
http://www.daewonsa.co.kr

잘못된 책은 책방에서 바꿔 드립니다.

值 값 13,000원

ISBN 89-369-0081-1 00540
ISBN 89-369-0000-5 (세트)

빛깔있는 책들

건강 식품(분류번호 : 202)

즐거운 생활(분류번호 : 203)

건강 생활(분류번호 : 204)

한국의 자연(분류번호 : 301)

미술 일반(분류번호 : 401)

역사(분류번호 : 501)